公民现实主义

[美国] 彼得·G.罗 著
葛天任 译

译林出版社

图书在版编目（CIP）数据

公民现实主义／（美）彼得·G. 罗著；葛天任译.—南京：译林出版社，2021.9
（城市与生态文明丛书）
书名原文：Civic Realism
ISBN 978-7-5447-8424-5

I.①公… II.①彼… ②葛… III.①城市－公共建筑－研究－世界 IV.①TU242

中国版本图书馆CIP数据核字(2020)第269450号

著作权合同登记号 图字：10-2014-091号

公民现实主义［美国］彼得·G. 罗／著 葛天任／译

责任编辑 陶泽慧
装帧设计 薛顾粲
校　　对 王　敏　孙玉兰
责任印制 单　莉

原文出版 MIT Press，1997
出版发行 译林出版社
地　　址 南京市湖南路1号A楼
邮　　箱 yilin@yilin.com
网　　址 www.yilin.com
市场热线 025-86633278
排　　版 南京展望文化发展有限公司
印　　刷 江苏凤凰通达印刷有限公司
开　　本 960毫米×1304毫米 1/32
印　　张 6.125
插　　页 4
版　　次 2021年9月第1版
印　　次 2021年9月第1次印刷
书　　号 ISBN 978-7-5447-8424-5
定　　价 48.00元

主编序

中国过去三十年的城镇化建设，获得了前所未有的高速发展，但也由于长期以来缺乏正确的指导思想和科学的理论指导，形成了规划落后、盲目冒进、无序开发的混乱局面；造成了土地开发失控、建成区过度膨胀、功能混乱、城市运行低效等严重后果。同时，在生态与环境方面，我们也付出了惨痛的代价：我们失去了蓝天（蔓延的雾霾），失去了河流和干净的水（75%的地表水污染，所有河流的裁弯取直、硬化甚至断流），失去了健康的食物甚至脚下的土壤（全国三分之一的土壤受到污染）；我们也失去了邻里，失去了自由步行和骑车的权利（超大尺度的街区和马路），我们甚至于失去了生活和生活空间的记忆（城市和乡村的文化遗产大量毁灭）。我们得到的，是一堆许多人买不起的房子、有害于健康的汽车及并不健康的生活方式（包括肥胖症和心脏病病例的急剧增加）。也正因为如此，习总书记带头表达对"望得见山，看得见水，记得住乡愁"的城市的渴望；也正因为如此，生态文明和美丽中国建设才作为执政党的头号目标，被郑重地提了出来；也正因为如此，新型城镇化才成为本届政府的主要任务，一再作为国务院工作会议的重点被公布于众。

本来，中国的城镇化是中华民族前所未有的重整山河、开创美好生活方式的绝佳机遇，但是，与之相伴的，是不容忽视的危机和隐患：生态与环境的危机、文化身份与社会认同的危机。其根源在于对城镇化和城市规划设计的无知和错误的认识：决策者的无知，规划设计专业人员的无知，大众的无知。我们关于城市规划设计和城市的许多错误认识和错误规范，至今仍然在施展着淫威，继续在危害着我们的城市和城市的规划建设：我们太需要打破知识的禁锢，发起城市文明的启蒙了！

所谓"亡羊而补牢，未为迟也"，如果说，过去三十年中国作为一个有经验的农业老人，对工业化和城镇化尚懵懂幼稚，没能有效地听取国际智者的忠告和警告，也没能很好地吸取国际城镇规划建设的失败教训和成功经验；那么，三十年来自身的城镇化的结果，应该让我们懂得如何吸取全世界城市文明的智慧，来善待未来几十年的城市建设和城市文明发展的机会，毕竟中国尚有一半的人口还居住在乡村。这需要我们立足中国，放眼世界，用全人类的智慧，来寻求关于新型城镇化和生态文明的思路和对策。今天的中国比任何一个时代、任何一个国家都需要关于城市和城市的规划设计的启蒙教育；今天的中国比任何一个时代、任何一个国家都需要关于生态文明知识的普及。为此，我们策划了这套"城市与生态文明丛书"。丛书收集了国外知名学者及从业者对城市建设的审视、反思与建议。正可谓"以铜为鉴，可以正衣冠；以史为鉴，可以知兴替；以人为鉴，可以明得失"，丛书中有外国学者评论中国城市发展的"铜镜"，可借以正己之衣冠；有跨越历史长河的城市文明兴衰的复演过程，可借以知己之兴替；更有处于不同文化、地域背景下各国城市发展的"他城之鉴"，可借以明己之得失。丛书中涉及的古今城市有四十多个，跨越了欧洲、非洲、亚洲、大洋洲、北美洲和南美洲。

作为这套丛书的编者，我们希望为读者呈现跨尺度、跨学科、跨时空、跨理论与实践之界的思想盛宴：其中既有探讨某一特定城市空间类型的著作，展现其在健康社区构建过程中的作用，亦有全方位探究城市空间的著作，阐述从教育、娱乐到交通空间对城市形象塑造的意义；既有旅行笔记和随感，揭示人与其建造环境间的相互作用，亦有以基础设施建设的技术革新为主题的专著，揭示技术对城市环境改善的作用；既有关注历史特定时期城市变革的作品，探讨特定阶段社会文化与城市革新之间的关系，亦有纵观千年文明兴衰的作品，探讨环境与自然资产如何决定文明的生命跨度；既有关于城市规划思想的系统论述和批判性著作，亦有关于城市设计实践及理论研究丰富遗产的集大成者。

正如我们对中国传统的“精英文化”所应采取的批判态度一样，对于这套汇集了全球当代“精英思想”的“城市与生态文明丛书”，我们也不应该全盘接受，而应该根据当代社会的发展和中国独特的国情，进行鉴别和扬弃。当然，这种扬弃绝不应该是短视的实用主义的，而应该在全面把握世界城市及文明发展规律，深刻而系统地理解中国自己国情的基础上进行，而这本身要求我们对这套丛书的全面阅读和深刻理解，否则，所谓“中国国情”与“中国特色”，就会成为我们排斥普适价值观和城市发展普遍规律的傲慢的借口，在这方面，过去的我们已经有过太多的教训。

城市是我们共同的家园，城市的规划和设计决定着我们的生活方式；城市既是设计师的，也是城市建设决策者的，更是每个现在的或未来的居民的。我们希望借此丛书为设计行业的学者与从业者，同时也为城市建设的决策者和广大民众，提供一个多视角、跨学科的思考平台，促进我国的城市规划设计与城市文明（特别是城市生态文明）的建设。

俞孔坚

北京大学建筑与景观设计学院教授

美国艺术与科学院院士

中文版序

正如本书在开头所宣称的那样，本书主要是介绍具有公民特点的城市公共空间的形成和重塑过程，也就是那些属于大家的而不是属于某个私人的公共空间。本书认为，正是介于国家与社会之间的政治文化塑造了公共领域的城市建筑。由此，本书所讨论的地点与空间的制造并不涉及飞地的建设，排他性区域和私人领域，也不包括那些国家政府大楼和象征权威的辉煌场所。从根本上讲，本书的价值倾向是民主的，也是社会经济实践的。本书尽管并未完全与这些实践的发展步伐保持一致，却保持了地方性运用及集体性的领悟、记忆和情感。任何一个公共空间的终极“均衡考虑”，都应当同时涵盖表达的多元化、舒适感、社会相关性，以及日常生活的一定特性和关切。这些要素同时也和不断演进的表达方式交织在一起，而正是这些表达方式创造并建立了我们所说的空间。

就此而言，当被要求为此书写一篇中文版序言的时候，我发现自己对如何谈论这本书在中国的相关性感到有些困惑。在中国的国家环境下，公民社会居于国家权威和力量之下，市场力量强大，而且当我写这本书的时候，我的原始材料整体上是缺乏的。然而，我反思性地问自己，就算中国的材料很真实，中国的特征是否就足够全面充分？中国除了公民现实主义，究竟有没有公共生活领域？首先进入大脑的，但不是立即进入大脑的，是那些普遍存在于中国城镇之中的具有相当规模的沿街商铺。这是一种在过去的王朝时代就存在的城市建筑类型。尽管大型商业中心和购物中心存在于此，在更多元的用途上，它是确实具有公共性的，对于周围的社区和邻居来说，它提供了一个社交场所，它的形式和表达也是令人熟悉的。在这些建筑的周围，建筑形式既老旧、传统，又有某些当代元素，它们来自对规范性装饰的当代理解和延伸，进而变成了一种具有乡土特征的场所。那种控制性的空间设计还是温和的，如果不是完全缺乏，至少在交通管制、维护公共安全、卫生和景观方面均有所保留。在这最后一方面，铺路、修边、种树等，通常与地方商业活动相配合，并为之提供基础设施，同时也使得街道具有更多的功能和用途。除了日常生活之外，街道也是节日庆祝、商业团体定期操练的场所，为社区、政治性活动提供聚集空间，尽管后者很少见。

第二个浮现在脑海里的公共领域是中国的市政景观，这可以从基础设施提升，以及这样那样的娱乐性公共空间的追求中得到体现，同样也可以在环境和文化遗产保护、健康绿色空间的提升中看到。在许多中国的城镇中，这些空间成倍地增加，除了提供公园之外，中国城镇努力在人口稠密和过度拥挤的环境中提供和扩展利用开放空间。并且，它们通常是在一个时段内由来自周边邻里的组织化的和半组织化的群体所选定的，这些群体具有各式各样的自愿性目的。景观总是熟悉的，适宜那些日常活动，同时也为人们在喧嚣忙碌的城市生活中提供个人休憩的空间。正如其他地方一样，除了有时在夜晚关闭之外，这些空间经常是由政府所提供和管理，却远离国家监控。事实上，监控这些空间的使用者的适当行为主要是由当地居民而不是政府来负责。

至于其他符合本书定义的公民空间也可能存在，更重要的是它们具有双重含义。首先，具有强大地方性、社区多样性、专用性的公共领域，可能既是公民性的，也是真实存在的，与最为重要的社会政治体制无关，也与国家或者私人部门组织不相关。其次，国家或者区域性布置对公共空间的彻底塑造，如同本文在第二段一开始关于中国的描述一样，在某种程度上也可以实现。除了在大多数组织和管理的严格且正统的形式之外，也不可避免地存在着既更强同时也更弱的趋势、倾向乃至特征表达。更进一步，即使在中国这样缺少公民现实主义的环境中，也为其提供了表现的机会和开放的空间。毕竟，大城市和乡镇的空间蔓延是凌乱的，而城镇公共空间经常把那些对生活的认识和理解留给了本地人、社会组织乃至个人。准确地说，正是这些生活习惯似乎最可能以某种方式回应了公民现实主义。

彼得·G. 罗

2015年1月于纽约

纪念莫尔

目　录

致 谢

公民现实主义的主旨和结构最早是在哈佛大学设计学院1994年春季和秋季学期的一个讨论课上提出来的。对于所有参与过这门课的学生来说，我欠他们一个深深的感谢，同样我也欠我的研究助理费莉西蒂·斯科特和玛丽·丹妮一个深深的感谢。早期的想法来自和一些同事们的讨论，我们曾经共同分担一些哈佛设计工作坊的导论课教学，他们是黛博拉·托雷斯、佩德罗·卡多纳、艾森·萨瓦斯，还有哈希姆·萨吉斯。我的同事拉斐尔·莫尼欧、罗多尔福·马查多和豪尔赫·西尔韦蒂就像回声共振板一样，随时随地在不知不觉中为我提供了各种观点和思考。

像这样一本书，它不可避免地具有自传体特征，并且我的朋友、家人、熟人、邻居，还有不同地方的同事，都对我理解当地文脉帮助不小。下面是我要感谢的人。在巴塞罗那有乔·巴斯奎特、曼努埃尔·德·索拉–莫拉莱斯、约瑟·艾斯比洛、帕普·帕塞萨和埃利亚斯·托雷斯。在卢布尔雅那，有达沃尔·吉斯沃达（也是我在哈佛的助教）、安娜·库坎、杜赞·奥格林、亚历克斯·沃多波维克，还有美国的亚历珊德拉·瓦格纳。在纽约，我的新故乡，有理查德·普兰茨、彼得·巴兰塔、罗恩·巴特、萨·拉·罗莎、大卫·莫斯、约翰·鲁姆斯。在巴黎，有伊萨贝拉·G. 普兰纳、玛丽·维格·卢戈西，还有弗朗索斯·维吉尔，他在麻省的坎布里奇镇反而更像本地人一些。在罗马，我的当地向导是佩德罗·布鲁奇（我同他在哈佛共授一门课）、罗萨里奥·帕维亚、吉安弗兰科·帕尔默和多纳塔拉·范西拉莉，我应该感谢她带有幽默感的克制与探索精神。

我也应该感谢时任哈佛大学校长的尼尔·鲁登斯坦，教务长艾·卡耐赛，感谢他们在我做研究调查的这些年里对我持续不断的理解与支持。另外，我还必须提及赛利亚·斯莱特莉，我在哈佛的助手，感谢她的忠诚和高效，还有玛丽亚·莫兰，感谢她帮助查阅并提供了一些手稿。坦率地说，没有他们，这本书也不可能完成。

最后，我也把我永远的尊敬和仰慕之情送给中部意大利的一个小镇——格拉多里，那里是我写这本书的开始。最后并非不重要的是，我想向安东尼·罗表达感情和敬重之意，感谢他的鼓励，还有劳罗特·范西拉莉，我生命中永远的精神和生活伴侣，感谢她随时的建议与无限支持。

第一章　重新审视公共领域

“大家都知道，乌龟那么慢！大家都知道，乌龟那么慢！”贾科莫因为同伴占有数量优势而受到鼓舞，并用嘲讽的语气吟唱道，即便他们已经远离了潘泰拉的领地。“周日我们就会见分晓，”维亚·托马索·潘多拉从一楼的窗户中俯瞰并抛出了这一句话，“滚回你肮脏的洞穴，你这个狡猾的野杂种！”

尽管很热，为了在大日子来临前最后一试，贾科莫急切地穿上了一件天鹅绒上衣。“乔娅·茱莉亚娜真的应该买一台空调。”他一边沉思一边说。“老年人的问题就在于他们总是固守成规……哦，好吧，我不应该抱怨，”他继续用带有一种骄傲的语气自言自语，“当她死了，我就会看起来像餐具柜老照片里的齐奥·翁贝托。”

“该死！如果我没有闭眼睛的话，我就不会在阿扎塔把旗子丢掉了。太笨了！而且在坎波广场让所有人都看到了……我的上帝，翁贝托会说什么？”“别担心，贾科莫，”他身边的詹尼喊道，同时他们也被人流裹挟着涌到了广场，“还有明年呢！”“是的！”贾科莫想着，至少是鼓起了勇气，“总是有明年的。”

——彼得罗·卢比诺，《派对》 5

这本书主要探讨人们对城市公共空间的态度，并介绍它的生成和改变。它具有公民属性，它既属于每一个人又不属于某一个人。重要的是这些地方是如何被创造出来的，以及导致其生成的社会、政治和文化环境。同样重要的是这些地方的形式和外观，以及它们是如何被表达、构成和增强公民日常生活质量的。简而言之，这本书不仅关注城市建筑本身，而且关注隐藏在公民公共空间背后的宏大机制和多元观点。于是，这本书也反映了这样一种信念，即公民公共空间只有在合适的本地发展机会、社区专项资金和设计能力等条件下才能够成功地存在。

要考察一个真实生动的公民场所的社会与物理属性，一个好的开头就是用一个既有现实针对性，又能经得起时间考验的令人无可置辩的例子。或许，如果说符合所有可能性条件的话，锡耶纳及其坎波广场具有一定的代表性，它的公民生活、公民精神和公民职责正是本书所要探讨的主题，并且已经内嵌于本书的文字之中了。首先，即使在13世纪和14世纪，对于有关公共和公民公域的任何讨论而言，锡耶纳在其社会、政治和文化等方面就具有了重要价值。广义上讲，城邦的政治功能和选举参政被分成了三个部分。第一，是由被选举的官员、地方法官以及其他官僚构成的政府。第二，是由贵族、富人和其他中产阶级、工人阶级构成的公民社会。第三，是公民社会中的边缘群体，以及不具有完全公民权利的人群，包括外国人以及外来劳动移民。这三者在权力、责任的分享，在创建相互依赖关系等方面，是动态而远非固定的。城头变换大王旗，政 6 权数易其手，豪门大族兴衰更替。反叛与抵抗被挑起，代表权也随之有增有减。这三个主要的社会部分所构成的制度特征也随之变迁。有时候，政府完全扮演一个补充的角色，而有时候则不是。行会、大学、兄弟会、邻里组织以及其他社会组织的影响力也时强时弱，富人与穷人的生活境况也随着经济和技术变迁而变化。相应地，在上述三股社会政治势力之间或内部的差异也随之变化的同时，它们之间或内部的联盟也往往会发生变化。

然而，在这段时期内最令人印象深刻的，是锡耶纳长期延续的共和制，这一制度是基于公民社会内部不同组成部分之间的利害关系而最终形成的，而且，也许尤为重要的，是基于国家与公民社会的关系。更加贴切地说，坎波广场，或者简称“田野”(Campo在意大利语中意为田野)，作为锡耶纳最初形成的场所，是其社会、政治与文化的缩影，也反映着社会联盟的变迁。从建造者的总体设计、空间定义、装饰和功能使用来看，坎波广场就是一个混合型场所，既包括政府又包括公民社会。它很快地抓住了锡耶纳的生活、时代和公民环境，同时也在提醒着锡耶纳人——如果提醒是必要的话——他们是谁以及他们想成为什么样的人。最后，坎波广场超越了它的公共意义，超越了它所获得的、所展示的和表达的意义。它营造出一种气氛，昭示了往昔美好的时光，而且给公民提供了对公共空间形式的形象解读，这一空间形式不仅是能够令人接受的，而且是更令人向往的。简而言之，这就是公民性。

锡耶纳和坎波广场的例子同样清楚地表明，公民生活和期待曾经而且必将会被直接表达出来。同样，这里的公共空间设计、建筑设计、实用性的储备，以及总体装饰都曾经是而且仍然是适用的，而非是怀旧的、普通的和别有风致的物什。一句话，坎波广场过去是，现在也是“真实的”。这种曾经的和现在的“现实主义”包含着日常生活、特殊事件、庄严场所以及非同寻常的庆典。然而，像许多伟大的公民作品一样，现实主义也成了他们自我表达的工具。从建筑学的角度来说，坎波广场某种程度上在这方面是封闭的，而且是自给自足的。尽管如同一幅具有启发性的早期图册卷轴那样，它是如此异常的美丽，但是它仍然需要通过沉思、知识，以及对建筑形式的感知才能被恰如其分地解读。在某种意义上，现实主义是遥远而有表征性的，在另一方面却也是活生生的、可读的而且是具有构成性的。当然，从严格的建筑学意义上来说，现实主义早已超越了它在建筑风格方面的含义——现在经常被运用在国家或者公司利益上面，诸如“社会主义现实主义”、“照相现实主义”，或者“新现实主义”。进一步来说，坎波广场的外观包含着许多构成要素，不仅映射出公私部门的意识形态，而且也表达着国家与社会之间的共同基础，这包含着那些固有的紧张与矛盾。简而言之，本书所说的现实主义，既非阶级性的也非政治性的，它具有更加丰富的含义。与其他的历史场所不

7

同，它并非是专制、神权的饰品，也不是个人形象的宣言书，它具有更加丰富的含义。然而，在本书的主题之下，想让上述总结更加易于理解，就需要更多地、更加详细地讲述它背后的故事。

在这些说明之后，本书继续定义了场所的公民性含义，以及可能从公共空间中体现出的实用性特点。接下来，第三章特别讨论了现实主义这一概念在美学和建筑学方面的相关含义。第四章讨论了个人空间实践对于定义和重塑集体性场所的可能性，紧接着，第五章解释了公民场所是如何构成和表达着我们生活中的公民性。在第六章结论部分，各种有关公民现实主义的相似概念，以及它们之间的关系会得到阐述，同时本书既阐述了现实公民场所的较好一面，也区分了较为不好的一面。最终，这本书主要是关于设计实践方面的，因此任何明显的关于现实公民领域方面的陈述都尽可能地被压缩了。与所谓的狭义上的城市公民性概念形成对照的是——经常对应于狭义上的政治生活行为——这本书更广泛的意义在于，公共可获得空间能够也应该能够拥有一个直接的、易于理解的有关公民性的情况介绍导则，以便于时刻提醒我们，我们是谁，以及我们可以成为谁。

公共与公民生活的组织

13世纪的时候，罗马教皇与神圣罗马帝国的统治者为了权力进行着无休止的政治斗争，由此浮现出了一种非凡的，乃至是持续的公民现象：意大利中部及北部的公社或市镇。这些共和政体城邦不仅在“教皇党”与“保皇派”的斗争中扮演了关键性角色，而且在公民的统治和大众的政体之间建立起了一个在奥古斯都之前罗马共和国政体里不可能出现的全新范本。[1]特别是在经历了威尼斯和佛罗伦萨两个共和国的影响之后，那些人口密集的、高度城市化的、富有的、富于进取心的公社，以及为此做出贡献的公民，因此而闻名天下。

然而，正是在锡耶纳这个“圣母玛利亚之城”（与邻近国家佛罗伦萨相比更小但也更非凡），最彻底的大众政体、委员会制和公共管理等政府形式出现了。考虑到政治上不守规矩、难以信赖的那些同盟国，锡耶纳大约在1255年至1555年近三百年里，为了它的共和政体顽强拼搏，即使在遭遇可怕的围攻导致城邦陷落的时期里，锡耶纳仍然为了信仰不遗余力地英勇奋战。比起早期那些和平与繁荣的时代，这个城市的人口数量已经明显地锐减为原来的十分之一。[2]

13世纪对于意大利北部和中部来说，是一个经济发展扑朔迷离而社会变革意义深远的时期，见证了封建制度的废除、摆脱了勉强为生的经济、推进了农业改革，城市地区大崛起意义非凡。事实上，这一时期的发展对于城镇和城市的复兴起到了推动的作用。一方面是农产品足够消费，另一方面是服务和产成品的生产供应。现在地主的剥削已经消失了，而在过去，即使在最好的时节，那些封地也难以供养当地农民。随着农民拥有少部分自有农场和土地的控制权，商业等级和商业文化开始产生了质变。公社的出现是城市和农村的一场行政管理的融合，占有了前所未有的辽阔领土。随着当地贵族的城堡和堡垒被拆除，不公平的法律制度和行政管理被取消，在实践中所发生的这一切，本质上都是由城市利益来征服这片领土，整个地区都融合成了一个政治实体。总之，随着小城镇和周边的农村也具备了较大城邦的政治和社会品质，农村和城市也就合为一体了。[3]

这同样是一个农村人口向城市迁移的高峰期，所有城市地区无不变得人口密集。在大多数地区，城镇居民与农村居民的人口占比为2比3，但在一些城镇这个人口比例是相反的，如圣吉米尼亚诺，城镇居民与农村居民的人口占比为3比2。[4]作为选举的先决条件，锡耶纳政府很可能要求公民在城镇购买房产并把建造房产作为一种资质，这对于城市密度的提升同样起到了重要的加强作用。相比之下，在那些较远的地方，新的生产关系并没有出现，那里还是保持着过去的状况，大多数有地的农民过得还不错。当契约合同取代了先前封建制度下的生产关系，这也就在一定程度上鼓励了普通公民去拥有土地。[5]

在13世纪末至14世纪，锡耶纳的资产阶级和企业主进入了创业成长期，不仅拥有土地，而且利润可观。特别值得一提的是，在这个时代，人们见证了许多商业企业和银行业崛起。此外，尽管佛罗伦萨的弗罗林金币畅行欧洲，但锡耶纳的企业发展得格外出色。多年以来，波西尼奥里家族在锡耶纳买卖做得越来越大，他们成了一个具有相当广度和信任度的银行商业利益集团，一直到12世纪20年代末才最终崩溃，并在14世纪早期由公社接管。[6]锡耶纳的基吉家族也大规模从事银行业务，最终在罗马确立了他们的显著地位，他们当年居住的地方现在已经成了当代意大利共和国的政府总部。事实上，牧山银行作为意大利最古老的现存银行，于1624年在锡耶纳成立，其总部就是坐落于贯穿城市南北的主街上的前萨林贝尼府邸。随后，并非所有的事情都朝着好的方向发展，随着农业分利体系的出现，富有的锡耶纳食利者家族开始用这套办法剥削乡下的农民。

在1337年，锡耶纳的领土和城邦管理达到了顶峰，在版图上向四面八方扩张了大约50千米，包括一个相当大的意大利中西部区域。在佛罗伦萨北部附近，锡耶纳的影响力从南方延伸至沃西尼山，这是一个位于托斯卡纳地区和拉齐奥地区之间的近似现代边境的领域。锡耶纳向东侵占富有的意大利，向西打下伊特鲁里亚海域。[7]尽管在当时没有清晰划分的明确界线，虽然经常出现各种争夺，但是锡耶纳西部富含金属的丘陵地带仍然有一部分归城邦所有。然而随着向西南部不断扩展的马雷玛地区，有价值的牧场、有用的食盐和矿藏渐渐被征服和兼并，锡耶纳破损的地形很难再为当地的庄主创造收益，例如位于马雷玛的索瓦纳的奥尔杜布兰德斯奇。[8]由于引水困难，加之港口匮乏，在14世纪早期，尽管耗费巨资开发了伊特鲁里亚海上的塔拉莫内港口，淡水资源仍然短缺。[9]

在行政管理方面，孔塔多（作为在锡耶纳最大的区）由三个部分组成，每个部分都有互相独立的立法标准和职责。在市中心是城市和公社，接着就是集体居住区或是郊区——当时称为伯基或是现今称为博尔吉的棚户区，就是早期锡耶纳城墙外和周边的小镇逐渐演化成的。[10]但集体居住区尽管税收独立，仍由城市管制。最后，孔塔多余下部分，包括周围的那些市镇和农村，构成了第三行政大区，多数情况下是自治的。

效忠于锡耶纳当局的城镇能够得到特殊的奖赏以及减轻税负作为回报，例如格罗塞托镇和马萨马里蒂马镇。[11]

锡耶纳市坐落于沿着基亚纳河往西走的山坡之上，大约海拔300米。在1300年，它的陆地面积约50公顷，大约为佛罗伦萨的一半大小。锡耶纳并不是一个扩张的罗马城镇，这与一些主要的意大利城市不同，比如维泰尔博以南的地区。它始建于6、7世纪，城市顺山势而建，毗邻主要交通动脉，特别是邻近罗马故道卡西亚街，这条路连通了罗马以南和法国以北的广袤地带。最终，它又被分成三个小区，大致开发的顺序是西塔、圣马蒂诺和卡莫里亚。最早占据定居下来的地方是一座古堡，显然这是出于军事防卫方面的考虑。随后的扩张也把其他有利地势和高地都囊括进来。若干由城墙围合起来的城堡形式的社区，也以沿着城市扩张的方向发展，横穿邻近山坡。城墙有35至55扇坚固的大门，城墙周围是卡巴埃，也就是那些用木桩堆砌起来生火以阻止任何围攻城市的人冲破壁垒的战壕。[12]

12

13世纪中期，锡耶纳的城市人口大约为30 000人，到了14世纪上半叶，人口急速增长至50 000人，达到了一个无法超越的顶峰，这一情况直到进入近代以后才勉强改变。这还不算住在设防城镇郊外的山坡上和沿路的棚户区之中的15 000人，另外在周边农村这些定居点还有35 000人。总之，在1348年大瘟疫和鼠疫发生之前，锡耶纳市的人口总数大约为10万人，集中在城市里及周边地区。在这些人口变化方面，锡耶纳是当时的一个典型，并不独特。例如博洛尼亚，城市有12 000人，农村则多达17 000人。[13]

不幸的是，当食物和农产品的需求无法持续保持平衡，人口的扩张和集中就无法持续下去，这也导致了饥荒和瘟疫的发生。13世纪，随着人口下降以及对荒地的奖励措施出台，许多城市的职业都消失了。到了14世纪最后的几十年里，锡耶纳的沼泽区比早期失去了大约80%的人口。此外，锡耶纳在这场消耗中也不是孤例。圣吉米尼亚诺三分之二的人口死于瘟疫；皮斯托亚的人口从36 000人减少至约19 000人，将近一半；而位于锡耶纳孔塔多郊区东南边的奥维多，人口数量在不到一个世纪的时间里从大约3 000人减少至只有1 300人。[14]

锡耶纳的人口数量在14世纪早期接近顶峰的时候，人口构成的异质性较高，社会由贵族、商人、小贩、工人、散工、教士等各类职业者组成，13也包括城市周边和领地之外的外地人及移民。尽管这在形式上与李维所描写的罗马共和国阶级划分类似，但是锡耶纳的公民社会被分成四个分类清晰的社会群体。[15]第一个群体被称作卡萨蒂——承袭头衔的贵族及其家庭成员，例如托勒密、萨林贝尼、皮科洛米尼、乌古基耶里、桑塞多尼、波西尼奥里和马尔沃尔蒂等氏族大姓。第二类被称作“富硕之人”，不仅由中产上层群体的银行家、商人、羊毛制造商及其他行业的实业家所构成，而且包括零售商、珠宝商、金匠及大部分专业人员，如医生、法官和学者。当然，大多数公民构成了第三等级“渺小之人”，包括精湛的工匠、牧师和农民，还有石匠和士兵等工薪族。最后是非公民群体，他们没有完整的权利且不受保护，例如仆人、大户人家的家丁、外地人及散工。简言之，大部分居民都属于第四等人。

锡耶纳的全体公民，正如鲍斯基所描述的那样：“正是至少拥有最低限度财富的群体，他们居住在城市里，通过缴纳赋税证明自己的能力和意愿，在公社需要的时候提供真正的个性服务。”[16]反之，锡耶纳人只要承担这种较轻的责任就可以从他们的公社那里获得全部的特权和保护。事实上，公社的整个历史就是建立在人身和经济的保障措施基础之上的，他们提供给公民的是一种稳定的环境，比如前面提到的波西尼奥里银行就是一个例子。

在锡耶纳的等级体制中，卡萨蒂群体不得担任国家或市政府的高级官员，这一点一直被置于讨论的中心，这是为了避免退回到封建领主制度。相较而言，不论是佛罗伦萨还是威尼斯，那些上层卡萨蒂家族之间的长期斗争实际上已经证明，要拥有一个完全统一的执政集团是不现实的。相反，这些豪门家族如托勒密、萨林贝尼、马尔沃尔蒂和皮科洛米尼，却可以在当时被中上阶层的大家族所抑制而在政治实践中得以保持某种平衡，比如蒙塔尼尼和彼得罗尼家族就是后面这种大家族。[17]更进一步，用现代阶级意识来思考当时的阶级关系也会出现错误。在文化思想方面，新的资产阶级家族并不认为他们和旧富豪之间有多少差异。对 14 于二者而言，大家要的是和平，任何暴力行为都会被限制，如果有的话，也会被要求签署协议。两个集团之间也有其他利益方面的重叠。例如，商业和工业的行会与商会蓬勃发展，但不像佛罗伦萨人那样，锡耶纳公社对行会抱有消极的看法，这主要是因为它们拥有垄断的能力和倾向，足以独自提高产品和服务的价格。1305年，除了位列锡耶纳五大主要行会的羊毛商行会和商事法庭协会，所有行会均被宣布为不合法，这确实有点偏激（或者说是不正当的，至少结果上看是如此）。[18]

在家庭生活方面，首先要探讨的是父权制。理论上，妻子和孩子应该遵从一家之主的命令。然而，在现实生活中，我们从普拉托商人那里可以看到这样有趣的例子：丈夫和妻子同样可以保持相当程度的平等合作关系，他们互相谦让、互相尊重，朝着共同的方向奋斗。[19]通常女人负责家事而男人管理家族生意，尽管这两个领域的利益有时难分彼此。富裕的家族拥有大量的家庭成员，包括亲属、家丁、仆人乃至生意伙伴，另外还有那些直系亲属。孩子的生育和养育是一个家庭优先考虑的事情，特别是那些承袭了头衔和家族传统的男孩。救济贫穷的或是不幸的家族成员成了一种责任，这在当时稀松平常。此外，虔诚的信仰对于大多数老年人来说非常重要，这也受到教会的强烈支持，它甚至超过了其他世俗事务的重要性。总之，对于中世纪的锡耶纳家族，特别是对于那些富裕的家族而言，专注于自身命运和日常业务是大多数人的选择，当然对社区事务也并不会完全排斥服务。他们是虔诚且规矩的，甚至在对外公开露面的时候有些刻板固执，虽然对外部事务没有什么不在乎的地方，但那也几乎和在家里所表现的没什么两样。

对于锡耶纳城市主要的印象，除了锡耶纳大教堂，或称主教座堂，以及一些其他教会的建筑之外，就是隶属于卡萨蒂的带塔楼的民居了。在13世纪中期，约有56座防御用的塔楼，并且用符号标记排列，塔楼的数量随着公社对贵族家庭的犯罪处罚而发生变化，或者作为新住处的一部 15 分而改建。[20]随着时间的推移，火灾和对危险的忽视均导致毁坏，仅存的是那些贵族房子里耸立的塔楼。可能最初是基于瞭望塔和农村的堡垒，后来成了权力、身份和财富的象征。相比之下，普通公民的住宅相对低矮，集中在二层或三层，主要是由木材和土砖材料建造，外墙时常用砖石建造，拥有突出的木质阳台或环廊。一般来说，市政建筑的改进滞后于私有财产，其结果是议会会议和其他政府商议通常在私人宫殿里举行，如艾烈希宫殿，或是附近的教堂。其他市政工程时常被大力推行，特别是用于从遥远的溪流运送珍贵的水源进入城市的沟渠和隧道。水道会直通布润达喷泉，这座就近的喷泉就在锡耶纳城某个城门边上，包含一个1 600米的地下洞穴。[21]1267年，公社很认真地思考了一个从大约25千米远的小溪引水进城的项目，最后由于费用太高而放弃。佛罗伦萨的大诗人但丁大概就曾嘲笑过锡耶纳城居民坚持寻找“戴安娜的泉水”这件事，其实是反映了他们利用地下水源来解决饮水问题。[22]相反，许多喷泉和岩穴，有大型和小型的，分散在较低的地势，从而供应给周边社区。这些也就变成了社区聚会的地方，特别是在晚上和节假日里，这个惯例一直延续至今。散布的喷泉贯穿城市也可用于帮助抵御火灾，火灾对于中世纪的锡耶纳来说是一个持续的威胁，包括破坏建筑。火灾之后公社将对房主补偿损失，当时锡耶纳的临时户和棚户区还比较少见。

总的来说，公共工程和私人建筑之间有一种风格的对话，分别表达 16 了公社和那些拥有宫殿的贵族、商人与企业家的自豪。公共的审美观和标准的设定相互影响，通过城市外观展示一种共同的骄傲和自尊。为了达到这两方面的目的，一些立法和专门管制就是非常有效的。1290年之前，三位选定的公职官员或者说是执政官控制着城市里所有的新建工程，并且在每个星期六对所有街道的大体清洁度进行例行检查，大量的违反者因此被罚款。[23]有时候卫生法规也会利用告发者而强制推行，只需要支付这些人极少的报酬，就可以实现警惕盗窃、垃圾处理及非法活动的监控。如今常见的市政部门，如消防部门，也是在13世纪末14世纪初组建的。法理上，社区服务通常好过于私人利益。例如，拆除和重建旧建筑必须达到公社的规范标准才可以。在锡耶纳，当公社推进雄心勃勃的计划以改善城市和孔塔多的基础设施的时候，为了公共目的改造私人房产是被理解和接受的，在托斯卡纳区的其他地区也是如此。13世纪最后三十年，公社在巷道的改进、桥梁建筑和街道拓宽等方面做了大量工作，不仅是外观改善，而且也注重实用性，从而使得便宜的粮食和其他消费品能够及时在畅通无阻的城邦内持续地供应。出于相似的动机，大量的土地改良和牧场改良或者说是开垦，也几乎在这一时期发生。[24]

政治上，特尔齐（或者之前提到的城市三个分支权力）进一步被细分为“波波利”和“康崔得”。波波利是行政分区，它们的名字来自教区教堂。1318年，根据人口的空间分布，一共有36个波波利。[25]与这些管理单元相重叠的则是康崔得或者邻里单元，在1348年大瘟疫之前一度达到了60个。在1729年，根据巴伐利亚维奥兰特公主颁布的法令，这一数量最终变成了较为合理的17个。[26]不像其他大多数地方，这些分区的变化让锡耶纳的党派主义象征味道十分浓厚，这些象征符号参考了很多动物或者鸟类，例如天鹅、黑豹、乌龟和毛毛虫。即使今天，对于锡耶纳人来说，一个人应该首先忠诚于其康崔得（类似社区单元），而后才是城市。来自不同邻里的康崔得之间的争斗是猛烈的，描述这些家族争斗的故事不绝于耳，往往是因为来自不同康崔得的夫妻生下孩子。更正式而言，“康崔得”则是通过俱乐部、本地酒吧，甚至是博物馆形成了社会和政治实体。自始至终，重点都在于互助，以及对“康崔得”的忠诚。这主要体现在征收和基金募集活动经常有规律地发生，以支持康崔得的福利。尽管其内部的成员之间在相互尊重之间存在着明显的无阶级现象，其统治组织（康崔得会社）由一名高层官员或院长主持和负责。成员资格是靠出生地，或者血缘关系来确定，任何一个锡耶纳人从生到死都隶属于康崔得。例如，即使今天，许多洗礼都是在康崔得的泉水施行。[27]

17

到13世纪中叶，一个平民主义政府在锡耶纳出现。[28]严格意义上来说，它不是民主的（当然不是根据今天的定义和标准），而是反寡头的，具有广泛代表性的，具有共和精神的，而且具有一种强烈的独立于早期封建领主制度的特征。至少对于第一个百年来说，这个政府在不同的时期由不同的特殊组织和统治阶级所组成，这个制度是由若干基础性的元素构成。例如，有一个具有广泛社会基础的委员会——波波利委员会或者贝尔委员会，这些委员会由来自特尔齐和波波利的公民所构成。保民官的位置在1252年设立，由公社支付报酬。经常也会有一个执政官，作为委员会的领袖以及公社最高治安官员。由于为宪法所禁止，执政官不能是锡耶纳人，而且只能拥有相对较短的六个月任期。长期以来，执政官来自博洛尼亚、摩德纳、帕尔玛等其他公社之中，这些地方和锡耶纳一样拥有相似的政府管理传统，但是不可能来自锡耶纳的北方邻居佛罗伦18 萨。公社通常也有一位军事首领（治安官），负责指挥锡耶纳的雇佣兵和其他武装力量用以自卫或发动域外战役。在1298年之后，这些机构的存在时断时续，直到1323年才变成常驻办事机构。虽然服务期限仍旧相对短暂，这个机构最著名的掌管者福利亚诺的尼科洛·圭多里乔却是个例外——他自从1327年上位以来服务了六年半时间，而且在1351年被再次召回，直到1352年死于工作任上。由于公社集体对公民秩序与和平至上原则的追求，以上三个机构都定期开展武器搜查、骑警巡逻，以及有组织视察。除了这些机构，还有其他的地方管理机构，包括市政府，或者宪兵队。自1270年以来，地方官还负责对城市官员进行审计，对建筑条例和其他立法进行司法管辖，而且将审议中的宪法议题通知委员会和城市官员。最终，在普里奥里或者蒙蒂地区形成了寡头统治，负责政策制定以及指导公社事务。这个团体中的许多成员都来自波波利和特尔齐中符合资格的公民，而且他们只服务相对较短的时期，而在执政期间他们需要避免出现在市政厅以防止偏见和腐败。卡萨蒂组织成员，正如之前所描述的那样，通常被清楚地排除在管理高层之外。佛罗伦萨人把政治视作团体、行会和商业协会，威尼斯人则使用他们如天书般的领主表单（私人关系），与之形成对照的是锡耶纳人在立法和行政管理方面明显的多元而包容。

多年来，这种政府形式不断演进，但不变的是选举。更进一步，不管经历多少武力与意志的较量，它始终没有被推翻，而且为锡耶纳人提供了长期的稳定与繁荣。大约在1236年左右开始，也就是二十四先知政19 体时期，一个由资产阶级和工商业者所构成的保皇派组织，与霍恩斯陶芬家族和神圣罗马帝国结成了牢固的联盟。在那些日子里，委员会由50人组成，他们来自每一个特尔齐，并由一个执政官来领导。霍恩斯陶芬体制的失败导致托斯卡纳保皇派的崩解，并最终回归到教皇党的权杖之下。1226年，腓特烈二世的儿子曼弗雷德去世，1269年保皇派在埃尔萨谷口村战败，这些都加速了教皇党的崛起。在向更加稳定和更有代表性政府的过渡进程中，贵族和那些富裕的绅商阶级在1271年抓住了权力，他们废弃了保民官的职位，增加了36个锡耶纳公社的管理委员与守卫委员。从那以后不久，保民官的位置在九人统治时期被恢复，这一体制开始于1278年，持续了大约77年。他们的官方名称是九大委员会与锡耶纳人民的保护者，他们被给予全能权力和全部责任，而且很快涉及政府管理的方方面面。在九人统治时期，有时候保持着大约500名政府公职人员，有时候公职人员总数大约有这个数量的六到八倍，大多数时候的总数是这个数量的两到三倍。随之而来的是，一些家族，例如之前提及的彼得罗尼和蒙塔尼尼，就会与公社的高官勾结起来，于是统治阶级和等级制的幽灵就又出现了。然而，和平终被打破。在1355年，正值查理四世率领几千名骑士入主锡耶纳之际，豪强与小资产阶级成功地发动了叛乱，推翻了九人统治体制。国库、艺术馆、市政厅和商事法庭都被洗劫了。囚犯被释放了，政府文件档案在坎波广场被公开焚毁。新的七人辛迪加理事委员会和执政官被选举了出来，最终演变为十二人，这种政治上的不稳定一直延续到15世纪初。随后，从三大领导集团演变而来的以社区为基础的公社，又将锡耶纳变回过去的稳定与繁荣，当然这期间也出现了一些政治危机，如安东尼奥·彼得鲁奇在1456年所领导的叛乱被镇压。公社体制一直到15世纪末才被贵族政治所取代，最终导致16世纪初锡耶纳共和国的衰落，最后落入了佛罗伦萨的掌心。

20

多年以来，政府管理风格和锡耶纳的行政体制，受到九人统治体制时期的强烈影响。在1355年，尽管公社体制宣告解体，但锡耶纳的立法和行事方式仍然延续了许多年。总体上，锡耶纳政府管理的成功很少是由于创新，而是鲍斯基所说的“实践性经验主义”。政府行为的制度化和规范化得到重视与强调，有效、高效地解决问题并提供服务成为高于一切的目的。无论预算是多是少，抑或是有是无，九人统治体制都可以合法参与指导政府管理的各个层级和公共部门的各个方面。在15世纪早期，为了了解这种参与过程的方方面面，九人委员会就要掌握政府管理的大体情况。[29]在九人统治时期，他们和治安官是从一个由42个人组成的康崔得中选举出来的。在选举之间的空档期，每两个月轮换。结果在这个体制的头八年中，总共有480个人被选举出来。总之，考虑到有资格公民的数量，有60个人在一年中管理着这个公社，在任何时期都有六分之一的人在政府部门中工作。除此之外，还有许多其他公共职位被填补，尤其是城区之外，例如在孔塔多。不足为奇的是，在1218年的叛乱期间，豪强和小资产阶级支持了这个体制。他们的影响是无处不在的。然而，这次叛乱的确打破了官员的循环，而且政府继续与我们今天称作公民社会的各种集团和谐相处。特别是，九人统治体制通过所谓的秘密委员会（和每个特尔佐一样，由50个人组成），以听取那些领导者们的建议，保证他们的利益。通过这些前期咨询，政治观点和计划在正式的官 21 方行动之前就被协调好了。最终，政府为锡耶纳公民提供了和平、食物、住所和自豪感，这一点如果不是可持续的，至少也是成功的。

不必说，公民价值与期待几乎弥漫在锡耶纳生活的方方面面。所有的公民都有责任去保证政府机器的运转，此外更重要的是这种公共生活其实还应带着自豪感和热情。那三种公民价值（荣誉、自由和正义）在大多数锡耶纳人的生活中是最为重要的，它们甚至能够把私人生活的诸多成分都排斥出去。[30]前两个价值已经被详尽地解释了，最后一个价值正义，在政府与文化之间的象征性关系中，是能够被清楚地呈现出来的，它在共和时代的大多数时间内开花结果。例如，通过特殊机构、公共事务顾问、世俗生活的教会职员的努力，艺术与教育得以兴旺发达。锡耶纳大学在1224年建立，与之同时，在类似帕多瓦和摩德纳这样的地方建立了类似的学院，它们时常作为亚里士多德哲学和客观性的学术中心而存在，并独立于教会。[31]慷慨的资助吸引众多学者来到锡耶纳，更进一步，由于现实的或者文化上的原因，逐渐成长起来的知识阶层对于公社而言是重要的，甚至是有决定性意义的。随着治理和管理变得更加复杂与广泛，专业化带来了对新技术和知识的需求。而且，通过从一个知识中心到另一个中心的频繁交流——那时是作为一种惯例，知识分子可以相互交流信息，在一个学术共同体内了解或使用当前的知识、文化事务或者世界上的其他重要事情。那时，宗教和社团精神也有所发展，尤其是在14世纪中期。例如，由锡耶纳圣凯瑟琳教堂及其周遭环境孕育出了一种公共神圣性，稍早之前的圣博纳迪奥和被祝福的安布罗吉奥·桑塞多尼也都是例子。结果，兄弟会（宗教虔诚社团）在锡耶纳非常普遍，而且城市对圣母玛利亚的奉献只是强调互惠关系，这种关系曾经长期地存在于教会与城邦之间。[32]

22

不出所料，多年以后，锡耶纳的世俗生活果然发生了很大变化。城市与周围的乡村在外观上和装饰上真的具有了现代特征。而且，专业化的食品工厂发展起来了，就像它过去所经历的一样，银行业和城市大学也兴旺发达起来了。尽管如此，最值得一提的是，康崔得以及这种地方功能主义形式仍然持续地保留着。它既诠释着世俗生活，又成了锡耶纳公民强烈自豪感的动力源泉。

锡耶纳的坎波广场

在锡耶纳的各个地方之中，坎波广场通常是一个令人尊敬的宗教场所。即使它是古代遗留下来的，那时候它在建筑上仍然是一个未经开发的场所。公民广场（Campum Fori）这个词在古罗马时代即意味着广场，它保留了某种特殊的空间尊严感。[33]事实上，中世纪过去的大部分时期，一个专门以普罗卡斯罗蒂市政厅为名的官方机构，负责清扫这个广场的石头、砖块、木料、泥土以及其他小碎石子，并且阻止某些不愉快的活动发生，例如禁止屠杀动物和剥皮，其禁止范围甚至延伸到周围的几条街道。[34]像许多当代的市场一样，一些合适的小摊点可以在合适的时段内摆出来，销售各式各样的商品。但是在集市过后，所有东西都需要被清走。由于担心在这个虔诚、具有公民美德的城市出现高利贷，银行家是不被允许公开做买卖的。

根据1262年的当局法令，坎波广场一开始就被分成两部分：一个较为低端的墨卡托公民广场，或者市场，以及一座高端的圣保罗坎波教堂。[35]

那时候，早期的圣保罗坎波教堂和一小排房子沿着广场的中间竖着延伸排列。今天的市政厅就坐落在之前海关和城墙大门的基址上，那里曾经[24]是一个长长山谷的入口，山谷的两边分别是老城堡所在的一座小山和圣马蒂诺的长长屋脊线。即使在它早期零散的形式中，坎波广场也曾经是特尔齐（之前在文中提到过的城市的三个权力分支之一）的会面之地，也是锡耶纳的文化象征和地理中心。坎波广场的兴建与发展始于1290年，直到14世纪中期才形成了我们今天所看到的样子。[36]这个时期大致上也是九人（锡耶纳最有影响力的政体）统治时期，而且这个时期广场的公共卫生状况也着实令人称赞。公社的建筑项目和城邦支持的文化活动，与那些贵族和教会活动相竞争，最终超过了它们，这也是历史上头一回。或许，如果我们不考虑阶级影响因素的话，这些区别也没有多么重要。那些锡耶纳的大人物，包括富有的平民，都能清晰地辨识出公社，甚至以之彰显荣耀。

1262年的敕令发布了19项条款，指明了坎波广场可以被开发的方式。渐渐地，锡耶纳开始对坎波广场的建筑物高度、周围附属建筑物以及出入口进行规划限制。不久，在1297年，锡耶纳确定了一项进一步的公共规划，即必须使用双开的窗户，同时规定了其他的建筑特征。[37]即使用今天的眼光看，坎波广场也非常大，有140米乘以100米那么大，周围被基吉广场、桑塞多尼宫、埃尔雷酒店，以及作为商事法庭一部分的诺比利赌场围合成了一个半圆形空间。沿着索托街和西塔街直接到北面，这些建筑立面变化不小。事实上，坎波广场并不平坦，北边比南边高出了2米，而且要是从广场半径的中心算起，东边向上倾斜了4米，西向则倾斜了3米。

[25]1343年，欢愉之泉在坎波广场的北边建成，由一个20千米长的引水管连接，由外部供水以克服对锡耶纳的依赖。现在的欢愉之泉实际上是由萨罗齐于1868年根据雅克布·德·佩德罗在1409年到1417年间建造的原初版本仿制的。[38]喷泉的雕塑赞美了锡耶纳的两大象征：母狼雕塑，据说这源自当地人的神话传说，其实与罗马的象征非常相似，还有一个当然是圣母玛利亚。1346年，广场表面由鱼骨形砖铺就而成，并被分

成了九个部分，从较低的地方开始铺设，先雕刻中心，然后排水管向周围放射出去。欢愉之泉被重新安置在与排水管相对的放射部分的中间，其实也不是什么巧合。一些特殊的肋形砖把铺面分成了若干部分。九个分支部分很明显地象征着九人统治。这反映出，在城内中心位置，那里既是文化象征，又是地理中心。[39]

毗邻市政厅的那一块地方，沿着广场南面，包括放射形地面铺砖，合起来构成了广场的前面部分。广场最开始是由执政官、九人委员会以及艺术馆和其他大公司的办公机构所占据，那有足够的空间，能够容纳足够多的锡耶纳老百姓。这栋房子是在1297年到1310年间建成的，保持了辉煌的中世纪公民建筑风格。这个地方非常适合举办就职典礼，用今天的话来说，这个地方就是为了"锡耶纳公社的荣光和城市的美丽"。[40]不久之后，在1325年，随着角石的安放，一座80米高的优雅高塔（曼吉亚塔楼）在广场的一边建成了，被命名为乔瓦尼·杜契奥，老百姓叫它"吃闲饭的"或者简单地叫曼吉亚，这主要是由于它负责敲钟，被当时的人看作庆典装饰。钟塔的方砖烟囱是由里纳尔多的米努齐奥和弗朗切斯科兄弟所建造，在那之后，一个由石灰华和大理石建造的宝顶加了上去，从那里可以极目远眺，可以看到阿米亚塔山。[41]后来，精心设计的广场礼拜堂在广场和钟塔的连接处被建造了起来，以庆祝锡耶纳从1348年的大瘟疫中解脱。在1352年，由阿戈斯蒂诺的多梅尼科开始负责建造小礼拜堂，最终在1376年前后，由切科的乔瓦尼最终完成建造，他看到了这个礼拜堂最后一处屋顶和柱子的定位安装。[42]在早期施工和规划的全过程里，乔瓦尼·皮萨诺在坎波广场的营建，以及周围房子的建造方面具有相当大的影响力，他曾在1284年到1295年间负责附近的教堂建设。[43]然而在14世纪，尽管坎波广场的建筑看起来都辉煌庄严，但广场和市政厅还是与周围环境有着显著区别，它们一起把坎波广场与小山边下面的市场和海关区分开来。工程花费很高，尽管理由很正当，是为了荣耀公社，当然给工人们的钱也不少。

26

除了公共生活的室外庆典之外，市政厅的室内空间也装饰了大量表现锡耶纳孔塔多统治期间的英雄瞬间的画作，例如西蒙·马丁的巨大风景画，描绘了福利亚诺的尼科洛·圭多里乔在1328年战胜敌人的骑行场景以及宣传公民美德的政治寓言。没有比九人大厅更有政治寓意的地方了，这个地方装满了安布罗乔·洛伦泽蒂的三幅巨大壁画:《善治之功》《恶治之果》《城市善治与乡村善治》。[44]在这些代表公民政治哲学的画作的前端部分，锡耶纳的统治者，身披城市的黑白相间的战袍守在侧面，其右坐着“慷慨”“节制”“正义”，代表着主要的美德，其左则坐着“谨慎”“刚毅”“和平”。正义的画像，在天使的帮助和“智慧”的监督下保持着平衡，这一边代表了“分配正义”，另一边代表了“交换正义”。很明显，这代表了托马斯·阿奎那和亚里士多德的哲学。在这八幅主要的画像之间，是其他象征着锡耶纳公民生活的偶像，包括哺育两头小狼的 27 母狼——明显地与罗马共和时期的美德联系了起来。在左面这些画像的下面，是二十四个公民，代表着锡耶纳曾在1236年与1271年间为保皇派的虔诚统治者所治理。右边则是看管囚徒的士兵以及这个城市的其他非公民群体。在壁画的底部，即使没有解释或说明，九大统治者毫无疑问地曾经拥有非凡的文化素养，当他们在对国家事务深思熟虑的时候，他们有必要放松心神去欣赏下洛伦泽蒂的壁画，并玩味他所表达的那些思想。[45]显而易见，锡耶纳在这些方面与其他的托斯卡纳人和北方的意大利公社不同，它有一种脱离个人主义的倾向，最终朝着共同利益的方向演化。

无论在过去，还是在今后，坎波广场的使用功能都是多样且不断变化的，这也与它在城市中的中心地位以及重要性是相称的。例如，它曾经是一个开放露天的大厅或者教堂，在那里像圣博纳迪奥这样的神职人员会指导讨论和布道。相似地，它也曾经被多次用作世俗庆典和政治讲坛。当然，在整个13世纪的大部分时间里，广场都足以容纳整个城市的人口，它确实也偶尔作为平民大众一起为释放监禁犯人祈祷的地方。正如之前所提到的，广场也曾经是日常的市场或者是那些散步来到这里的人们举办聚会的地方。今天的坎波广场仍然保持着相似的特点，并担负着相似的功能，或者作为一个喝咖啡享受生活的地方，或者作为一些衣着讲究、有人陪伴、有些家资的锡耶纳女人聚会的地方，或者就是简单地为人们提供一个庇护之地。地面铺装了原始的类似野外的质地材料，游客们能够像在野外一样在坎波的地面上找到野餐之地。正如我们可能从一个庞大、庄严的地方所期待的那样，它仍然是节日和公共庆典的场所。

坎波广场地下的一部分曾经被用来储存谷物，这在围城战和大饥荒时极有必要。[46]一幅来自艺术馆的雕版画显示出，它的地下部分是由城市的财务官所管理，并展示了坎波地下储物谷堆的布置方式。此外，记录显示，在类似浴缸的桶旁将面粉以很低的价格卖给穷人的习俗，这在广场上是司空见惯的，尤其是在那些受压迫的时期。总体上来讲，在那些具有公共通行优先权的空间内部、封闭空间，还有制度上设定的谷仓设施，像阶梯圣母医院或者甚至私人花园，都会被用来储存一部分谷物，毕竟这对大家伙也都有帮助。地下存储始于1460年，一开始城里有25个存放地点，这来自庇护二世的建议。他出生于皮恩察附近，人们一般称呼他埃尼亚·皮科洛米尼，也是锡耶纳的伟人之一。当然，结果是令人欣慰的，这种储存方式持续了7到9年，广场和街道之下储存谷物的地方就增加到了200多处，总容量大概有32 000蒲式耳。[47]

28

在中世纪锡耶纳的日常生活中，坎波广场也是所谓的“战争游戏”的场所：一个给躁动不安的人群，尤其是年轻人“发泄郁闷”的仪式化地方。帕格纳游戏是一种有组织的拳击比赛，经常在代表不同的康崔得双方之间展开。[48]任何一方，根据一个提前安排好的信号，通常从广场地势较低的一侧进入，并且努力地让对方从广场撤退就算胜利了，换句话说，这就算是“放弃了战斗”。之后，参与者要手拉手跳舞，以显示同志之谊。还有类似的游戏，使用棍子、长矛、石头投射的游戏比赛，也在这里举办，还有球类比赛也在广场上举办，这类游戏往往以从高塔上扔下一个球作为游戏开始的标志。然而，一个法国雇佣上校在锡耶纳的城头曾经惊奇地发现，在锡耶纳，年轻人丢掉了他们的武器去玩这个投球游戏。帕格纳赛事至少延续到1816年，尽管到13世纪末，投枪、投石大赛由于太危险而被禁止了。但投球赛则延续到晚近时候，到1909年还能偶尔见到。在和其他地方保持相似性这一方面，坎波广场也是斗牛赛场和公牛

29

赛跑之地，人畜共舞的奇观就发生在这里。[49]

最后，坎波广场最可能闻名于世的恐怕是它的派力奥赛马比赛，或者更具体而言，全称派力奥·奥拉·伦格。早期比赛是绕着广场赛马，后来则是沿着城市街道点到点的赛跑。[50]派力奥这个词来自拉丁文pallium，是指一块方形的布，用以荣耀守护神，而在派力奥赛马中，它是奖励，用以荣耀圣母玛利亚。在锡耶纳，有两个定期举行的节日以不同的方式来纪念圣母玛利亚。第一个在7月2日，也就是圣母显灵日，庆祝1594年在大饥荒和大瘟疫期间锡耶纳人在普罗文扎尼街（那时以卖淫而臭名昭著）向圣母玛利亚乞求救赎而奇迹显现的往事。赛马在1659年第一次举办。第二个在8月16日，也就是圣母升天日的第二天举行，在1709年作为整个传统庆祝的一部分第一次举行后，它在1802年变成一项常规的庆祝。许多年以来，也有其他的赛马用来庆祝锡耶纳人的一些特殊事件，例如第二次世界大战结束，1947年庆祝圣凯瑟琳诞生600周年，1969年庆祝人类登陆月球，1972年庆祝锡耶纳牧山银行成立500周年。坎波广场最早的赛马似乎是在1583年开始举办的，尽管关于这一点，还有不同的看法。当然，有规律的庆祝发生在1656年以后，在1935年墨索里尼颁布法令后，派力奥这个词汇就成了专属锡耶纳人的节庆用语。[51]

今天，派力奥作为一项比赛，在十七个康崔得（类似社区）中的十个之间开展赛马，需要绕着坎波广场像表盘一样跑上三圈。然而，比赛在三天之前就开始了，那些参加比赛的康崔得之间通过抽签选马。为了判断比赛最可能的结果，评审在最后比赛之前进行，因此，每个竞争者都会30 运用一些计策，比赛也允许骑师熟悉他们的坐骑。广场也会为了这些节庆或者比赛而改变布置，例如在赛马圆形跑道上铺上沙子，装上跨栏、看台，规划路线，给观众们营造比赛氛围。比赛日以一场代表各个康崔得的年轻人的壮观游行开始，队伍里这些骑师牵着马，还有其他象征性的吉祥物。在他们缓慢地沿着赛道游行的时候，游行队伍表现得非常优雅，迈着杂技般整齐的步伐，高举着代表他们所在康崔得的旗帜。在一些队伍里，旗帜被扔到空中，而在另一些队伍中，旗帜则几乎是掠过地表。在游行队伍末尾，一辆牛拉的两轮车上描绘着圣母玛利亚和十个参与比赛的康崔得的徽标，在观众们面前展示出来。在一系列繁复的仪式程序之后就正式进入比赛环节了，竞争性的赛马争夺战开启了，而且最后胜利的马脱颖而出，有时候没有骑师。竞争者之间的相互算计是如此盛行，以至于裁判被从城市外面请来，以独立于各个康崔得。这种安排也避免了如果不能达到一个大家可以接受的裁判结果而带来的锡耶纳人的内部不满或者相互谴责。有趣的是，比赛的第二名通常被看作损失最大的，因为如果赛马能赢，通常是那些强有力的康崔得结盟的结果，尤其是当一个康崔得声称拥有机会去赢的时候。[52]

作为一个隐喻，派力奥凝结了锡耶纳生活、性格和传统的许多方面。在其他方面，它代表了持续更新的进程，伴随着生与死的胜利，共和体制的千秋万代，以及那些相互竞争的康崔得之间荣耀的轮替。[53]更准确一点说，那些获胜者会穿戴吮吸的奶嘴形象，也就是广为人知的母狼和它的两个儿子罗姆斯和马多纳·拉斐尔的形象，使得赛事与性主题、死亡与求爱紧密联系在一起。也就是说，重生是仪式的必要组成部分。在竞争活动本身和之前的那些歌唱环节中，到处充满了男根崇拜和其他与性有关的象征物。关于神圣和玷污，也并非不明显。[54]例如，所谓的“童真—娼妓”在普罗文扎尼街的圣母庆典中很早就存在了，除了被叫作童真之城，锡耶纳也被叫作肉欲之城。最终，“有限利益”，即一个人的获得是以别人的损失为代价，对于竞争和胜利后的活动来说，就是一种必须要遵循的原则。派力奥远非仅仅是一个吸引人的城市庆典，而是有着更深的文化含义，它是一个城市再生的庆典，是城市传统的重新确证。

31

坎波广场的形状和外观——所有这些庆典的布置——都可以从几个方面得到阐释。一个解释是简单的进化论。能找到的财产都被公社集合了起来。被挑选出的一些建筑被拆迁或者重新粉刷，以便在一系列的建造工程之后创造出一种被铺装和建筑装饰的空间。在很多方面，这个解释随着我们所了解的（历史）而烟消云散了。另一个解释则把坎波广场和市政厅简单地描绘为那些锡耶纳良民巨大的、辉煌的集体习惯，他们因此建设宫殿般的住所，符合其身份和等级的钟塔，以及一个还不错的带有室内庭院的广场，并将广场一分为二。而且，类型学的观点认为这是适合那个时代的建筑，在建设坎波广场的时候，那是比较有名的而且可以被接受的形式或风格。它一直强调密切联系政府和公民社会的公社思想，在更大规模上重复了之前一分为二的坎波广场。

从细节来看，需要注意的是，在坎波广场和市政厅的立面上，共和制与共和价值之间表现得相当协调。例如，地面铺装的九个部分从广场的中心发散出去，清楚地唤起了多元归于统一的社会政治思想。这一点甚至在排水管的建筑布置方面得到强调，所有的分流都从坎波广场发散出去而最后都汇聚到一起。正如前面已经提到的，它也直接地参考了九人统治，而且不断地用“三”这个数来直接表达这座广场的地方性逻辑，象征着特尔齐的合并，是锡耶纳生活的中心，如一种被广为接受的做法，即淑女带着一前一后两个仆人欣赏着帕沙吉奥美声唱法、圣三一等等。最后，坎波广场的形状也可以被看作一个单独事件的象征，即锡耶纳人在1260年蒙塔佩蒂战役中获得了几乎不可能的胜利，保卫了他们的生活方式。在这场冲突的某一个时间节点，正如它所被叙述的那样，在锡耶纳城市的上空出现了一缕天光，从战场上可以看到，这被视作头顶上圣母玛利亚的显灵庇护。这个幻象立即召唤出人们头脑中对圣母用她的斗篷庇护其下的锡耶纳城和居民的印象，这个形状就像洛伦泽蒂的经典作品中曼泰罗的形状。至少正如一位历史学家所指出的那样，在这些斗篷形象的弓形轮廓与坎波广场的平面形状之间存在着密切关系。[55]最终，在蒙塔佩蒂战役命运的逆转中，时间、环境以及独立的生活方式都从锡耶纳人那里燃耗殆尽了。在1555年到1559年间，共和国解体了，代之而起的是佛罗伦萨的美第奇家族，他们用一种截然不同的方式来统治这里。幸运的是，这些庆典并没有终结于此，并以一种耻辱的方式落幕。共和时代的许多制度和公民器物一直持续到今天，包括一所优秀的大学、一份持续的善治遗产，以及带有符号认同的社会性邻里关系——更不用说那场不同寻常的赛马会了。

公民现实主义的潜在主题

这本书接下来的部分也是关于公民现实主义的。这个概念基于这样的信条：正是随着公民社会与国家之间政治文化的分化，公共领域的 34 城市建筑才能够被建造起来并达到最好状态，即上能展示文明的崇高，下能符合边缘群体的需要和抱负。与之相对照的是，没有这么做的那些公共项目，在世界许多地方的实践中，都不是那么吸引人。要么在那些都市和郊区的地方满是都市飞地、排斥性区域和私人领地，要么就是政府大楼和象征着权威的辉煌场所。政府总是把情况搞糟，要么排斥性地按照它自己的形象建设，或者与社会的其他部分完全不协调——例如一个痛苦的事实就是公共住房。当城市建设被完全交给公民社会中的市场力量的时候，令人不满意的情况也经常发生。结果，当前可以被感知到的公共空间建设危机，不是缺乏设计技术的问题，而是一个政府和公民社会没有处理好关系的问题。在一些特定时期，在某些地方，私人空间是占据优势地位的，但是相反，在另一些时间和地点，则没有什么影响。与此对照，在两个空间领域夸张地相互影响之时，不是一个战胜另一个，就是由于力量的较量，公共空间生产似乎比其他时候更加容易，也更加明显。这正如我们所看到的那样，比方说在后佛朗哥时期的巴塞罗那，虽说原因不太一样，比方说在密特朗时期的巴黎，还有19、20世纪之交的纽约。当然，像革命或者第一次世界大战、第二次世界大战这样巨大社会冲突所带来的后果，往往也是这样的，比如卢布尔雅那和罗马的例子。

然而，很明显，掌控一切或者运用过去的程式来生产公共地点是错误的。毕竟，时代不同了，而时代也有其自身需求。时代已经进入逐渐扩张的由信息和交流所组成的虚拟世界，尽管其所具有的是肤浅的平等诉求和鲜明的思想自由。[56]而且，现在的时代也不是那个社会上“有产”和“无产”阶层那么明显的时代了。相应地，有一点是清晰可见的，就是 35 信息社会是由一些特定的体制所控制，因此结构上不会改变权力设置以及他们昂贵的需求。更进一步，这种精神层面的“放大特写”有效地让大家远离了肉体层面上与公共空间的直接接触，这一点对于公共领域的解放和启发太重要了。[57]即使这种不全面的经验在一定程度上改变，关于公共空间是什么的问题也会是开放的。因此如何看待、思考、鉴别，甚至指导塑造公共空间的文化政治，即使公共空间消失了，也总是有用的，且是非常及时的。

在提出了公民现实主义这个思想之后，本书的大部分内容都是在探讨城市建筑表达与民主社会政治实践之间的关系，并试图反驳世界变化导致城市建筑变化的观点，认为公民现实主义在总体上是与公共领域相联系，而具体地又与特殊的地点、时代，以及国家与社会关系的不同安排相联系。文化远非通过一系列联系的社会力量（不断地通过一些积极性教条）对形式进行了塑造，真正起作用的文化发展，其作用形式是非连续性的。即便在一开始的设计阶段能够摆脱建筑符号设计的专制性，但若非相应、连贯的美学原则被设计出来并得到运用，新的表现形式也不可能被广泛地应用，并且也许还会遭受到巨大的社会压力。反而大规模改变并不会发生，更多的是根据过去的美学原则进行简单的推演，经常是一些应变效应，比如经典的后现代主义和近年来的简约现代主义。简言之，文化活动并没有超越多少社会经济秩序的变化。例如，纽约的城市网格是方便的、功利主义的，在某种程度上是抽象的，直到维多利亚时代才看出了明显而真实的含义。相似地，正如我们所看到的那样，锡耶纳 36 的平民主义政府在坎波广场建成之前就确立了。与之对照，巴塞罗那公共场所的规划方案和设计概念，早在佛朗哥政权倒台前，就在公共场所出现之前已经发展得很好了。尽管先锋派并不是多么符合公民现实主义的要求，毫无疑问，少量先锋派对于扩展设计思维并且推广这一思维是有用的。例如，在巴黎的那个例子里，大项目对密特朗的挑战，在设计开始之前就一直存在。

坎波广场的建设项目和物理特征清晰地反映了好的公民现实主义的方方面面。第一，在表现政府与社会关系变迁的同时，一些长久的、传承下来的品质也普遍得到延续。因此，这也为锡耶纳的下一代提供了有标志性影响力的城市门面。例如，广场强有力的总体形状和它相对平缓的表面，同历史与神话的象征意义一起，为它的多功能使用提供了一个大致架构。敞开且半抽象的地面铺装没有任何使用功能限制，然而这些不同铺装中的每一个都符合某项规制。即使是派力奥（赛马节）的盛大和哄闹也被坎波广场的空间及其周围的建筑装饰、图标和徽章所规制、仪式化了，它们还能彰显更加深远的历史叙事意义，以及一脉相承的公民自豪感、独立精神与责任感。第二，坎波工程及其范围、宏大和公共形象，无论在过去还是现在都在提醒政府和社会这个城市的公民责任。关于好政府和坏政府的文字说教直截了当地提出了批评和忠告，也清晰地阐释了社区治理的真实性原则，以及公民社会不同组成部分的角色。换句话说，在坚持自身公民观点的同时，坎波广场的城市与建筑表达展示了一种对政府角色的理解以及相当程度的挑战。第三，坎波广场的工程、形式、象征性都在当时拥抱了日常生活，给政府提供了一个合适的布局形式，投射出一种公民幸福感，在创新的同时又保持了某种熟悉性。更进一步，坎波广场一方面为集体活动和仪式提供了场地，像古老的帕格纳、派力奥和帕沙吉奥美声表演，而且也为个人的居住和感受提供了场地。

37

暂时先把锡耶纳搁置起来一会儿，很明显对于公民现实主义来说，地点和场所可以是变换的，而不应该是仅仅在国家导向的环境中才出现，或者在繁荣的半私人性的环境中出现。正如人们所看到的，场所和工程的规模与尺度，包括整个街景和城市公共广场都会发生变化。它们分布在城市之中，具有不同的规模和类型，例如最近在巴塞罗那出现的公共场所；在第二次世界大战后的罗马城郊出现的新型居住小区；坎波广场、纽约的洛克菲勒中心等城市中心区域；当代巴黎对城市废弃和衰败区域的更新；以及公共基础设施的改善（第一次世界大战之后的卢布尔雅那就是一个明显的例子）。然而，坎波广场的一个重要教训就是规模和尺度的问题。坎波广场，作为具有相对地方性的首要公民领域，毫无疑问处于意大利中部地区的文脉之中。与之相对照的是，许多其他大都市的公共空间可能为了夸大其资助者（国家或者公司），没有体现出真正的公民空间，缺乏具有可持续性的本地化使用，没有承载集体性的理解、记忆和情感。确实，锡耶纳明白无误地提醒我们，强烈的社区感和公民自豪感是形成地方性空间最为首要的因素。康崔得社区强烈的党派性为坎波广场提供了社会政治理念，广场也反过来成为十七个康崔得的共有财产。很明显，没有党派主义，锡耶纳就不会成为今日这样的城市，坎波广场也不会成为现在这样的地方。需要学习的经验教训在于，不可 38 分割的地方性和邻里感是必不可少的，这表明在公共空间的物理空间和其他特征方面，人们在实践和思想上都存在着认识的局限性。地方性参与这个概念或许会与虚拟社区这个不是那么八竿子打不着的概念联系在一起，并在更大层面的城市、大都市区、国际性的虚拟社区的文明化发展趋势中扮演相应的角色。无论如何，公民现实主义是关于公民社会中不同群体的概念，因此包括它的边缘群体，而这也是他们的故事中的一 39 部分。

“事情并没有真正改变太多，”翁贝托·蒙塔迪尼在诉讼休息的时候自言自语道，“这一切都取决于你怎么看，同时遵循一个好政府的一些基本原则……照片上的那些老家伙说得对。你先平衡一边的东西，然后再平衡另一边，无论天平落在哪里，都由你决定。”会议厅现在座无虚席，许多索赔人都在期待着。“我们的生意也没有变。”翁贝托心想。“关键是谁得到什么和在哪里得到。就拿城郊的旅游营地来说吧……现在的问题是如何决定……一个旅游营地是值得种一片橄榄地，还是一个月的露营维护费？我真希望贾科莫不是为了他自己把那该死的国旗掉了，”他沉思着，突然变换主题，“但是他还是很年轻。还有很多时间。”

——彼得罗·卢比诺，《派对》40

第二章　公民领域与公共场所

加泰罗尼亚广场上的喧嚣震耳欲聋，汽车尾气和被随意使用的烟花使得情况更加糟糕。金色的旗帜，如同一个倒下英雄染血的手指，在朦胧的夜晚光晕之中庄严地飘扬在头顶，周围还装点着巴塞罗那俱乐部蓝色和栗色的旗帜。“天哪，看这一大群人！”约瑟夫朝着朋友琼叫喊，他们挤在人群中向前走。“你以为呢？我们毕竟是赢了——而且是胜过了皇家马德里！”琼叫喊着回答。尽管长长的一天工作十分辛苦，他还是被身边环绕的人群雀跃的心情感染了。

“见鬼！这么多人，这地方形状又如此古怪，我弄不清楚我们在向哪里走。”随着他们挣扎前行，疲倦的约瑟夫喊道。“没关系！我想我把车停在那边了。”琼说，向他的左边做手势。“它只是表明，尽管有了宏大的规划，他们也不可能让所有的道路都取直。”约瑟夫接着说，而没有在意朋友明显的安静和幽默。“还没有人弄明白如何让所有社区聚在一起，即使是在城市中心。”他固执地接着说下去。“他们会的！他们会的！”琼说。“不过当然，也可能不会。”他思考着，停了下来。“毕竟，我们生来就有理性！”“那就是说，”约瑟夫打断了他，“除非我们被冲动战胜。”他们看着对方，大笑起来，钻进了车里。

45

——佩德罗·A. 卢波-加西亚，《善良的人》

公民社会，就其广义而言，通常意味着政治实体，包括法治下的国家；社会机构，例如市场和其他基于公民自愿协议的团体；以及公共领域，即公民参与公共活动、就公共利益互相且与国家开展辩论的场所。[1]在更加现代和有限的意义上，这一术语通常意指从国家分离出来的社会组织，因此延伸出分享权力，以及政府与公民社会诸元素利益多元化的概念。[2]在最好的情况下，这些利益趋同，众多机构和其他实体发现一些共同利益，这些共同之处超越国家和公民社会的边界，从而使得局势有利于创造出一些所谓的公民性的东西出来。自然而然，在这些社会和政治互动的时刻，都市空间的身份和特质也是某种受争夺的利益，尽管不幸的是，共同目的和趋势——像是人们能在巴塞罗那这个城市发现的那样——并不那么频繁出现。一边是无可否认的对都市空间多样性的需求，一边是压倒性的属于新巴塞罗那和加泰罗尼亚的地方感，这两个方面在巴塞罗那实现了罕见的平衡。

巴塞罗那的城市公共场所

巴塞罗那的城市公共空间项目完成于1981年至1987年间，包含一组巨大的、令人印象深刻的、涵盖不同规模的公共作品，遍布这个拥有约170万人口的城市。1980年，市长纳西斯·塞拉指派由五人组成的城市规划委员会评估城市面临的问题，标志着项目的正式开始。[3]委员会成员包括：副市长何塞-米格尔·阿巴德、立法代表奥里奥尔·博伊加斯、顾问加洛夫里、规划师加拉特·卜戈门奈赫和建筑师何塞·安东尼奥·阿柯毕罗。在考察1976年的城市规划方案纲要之后，委员会强烈建议立即发展高度明确、具体且需求极大的开放式空间项目，这样的项目既能树立强大的公共存在感，又能帮助城市翻新。此外，尽管这一规划主要是作为一套阶段性的参照工具和规范性的空间设计策略，并且影响和覆盖了城市内部所有的房地产交易，委员会还是建议总体采纳1976年的规划方案（一个宽泛的大都市总体规划）。通过支持或采纳包含具体项目的规划，委员会清楚地认可了这样的观点：巴塞罗那对都市空间的

46

需求尽人皆知，而进一步追求更多抽象总体规划也不会有什么收益。这样看来，委员会尊重并遵循了更早的巴塞罗那城市公共空间规划，例如伊戴尔冯·塞尔达在19世纪对埃伊桑普雷区（亦称扩展区）出色的城市扩展规划。[4]此外，在隐含的设计逻辑依据方面，该计划也基本上与之保持一致，也就是要提升公共卫生、改善糟糕的公共服务和拥挤的居住环境。

1981年，在阿柯毕罗的引领下，一个特殊的城市设计团体，即城市项目办公室在城市大厅成立了。[5]第一批委托作品很快被设计、建造出来。在早期阶段，全部公共整修措施都局限于项目场地本身，并不涉及人口迁移或为周边区域设计可行的都市功能。此外，这些项目在巴塞罗那市区内的全部十个区域实施：老城区、扩展区、桑茨蒙锥克区、法院区、萨里亚-圣格瓦西区、恩典区、花园圭纳多区、新社区、圣安德烈斯区和圣马丁区。这个项目的初衷是为了城市整体规划，但最终是以去中心化的形式操作的，符合特定地理区域和群体的需求，而不管社会经济和物质环境如何。除了作为地方管辖区，在城市内部的每个区域也相应配有包含特别都市设计的独特地区。例如，正如其他几个区域，恩典区曾经是巴塞罗那市郊的一座小镇。后来，随着巴塞罗那从海滨向北面山地扩张，该区在整个19世纪和20世纪初的都市发展中被渐渐合并。在恩典区，小路和大小适中的建筑物排列并不规则，因此铺设小型的广场和步行区域是最为合适的。桑茨蒙锥克区则与之相反，在环境上更加开阔和多样，因此保证了大规模开放式空间项目的可行性。从一开始，城市项目办公室的设计人员就被特别指派给每一个区，以熟悉当地的需求，并与市民、企业和其他利益团体一道合作。

47

除了城市项目办公室以外，为数众多的其他设计师，尤其是年轻建筑师，被委托完成项目。1983年，帕斯夸尔·马拉格尔继任塞拉市长的职位，这位社会主义者热情地接受了都市空间项目并致力于继续扩展其影响力。一位名叫琼·布斯克茨的巴塞罗那大学教职人员，当时也加入了城市大厅项目的员工之列，并行使监理的职能。[6]到1987年，巴塞罗那开始集中精力主办1992年奥林匹克运动会时，超过100个都市空间项目已经完成，从最初的小规模城市广场，到最后巴塞罗那水岸木材码头的大规模改造。伴随着早期公共作品项目的示范效应，每一个区域建设了具有自身特色的项目，时至今日已完成的项目超过140个。目前，人们的关注点开始转向住房和交通等其他公共修缮项目。

率先开始改造的都市空间项目为如下三种：广场、公园和街道。一些项目，例如皇家广场和桂尔公园，是对既存都市场所的翻新和重建。另一些项目，例如加泰罗尼亚国家广场和附近的西班牙工业公园，则是城市内新增的景观。有的广场规模较小且隐蔽，路面经过了硬化，例如位于老城区的德拉默塞德广场，以及一些位于恩典区的广场。也有的广场规模更大并有着更动态的边界，路面同样经过硬化，例如加泰罗尼亚国家广场或圣徒广场。社区公园（例如克罗特公园和棕榈广场）包含一系列娱乐活动，以及布莱恩・亨特、理查德・塞拉等重要国际艺术家的 48 公共艺术作品。[7]例如，在棕榈广场，塞拉的曲形墙壁是公园生活的一个组成部分，创造性地将宁静、精心种植的休憩空间与年轻人游戏的活跃地带分开。另一些公园，例如位于之前的屠宰场所在地的胡安・米罗公园，规模更大，其设计意在为整座城市服务。在这里，各式的布景（精心种植的区域、露天广场和体育器材）汇集在同一个场所。在曾经仅有机动车拥堵和破旧店面的地方，街道项目创造了设备齐全的步行环境，例如将焦点引向著名的圣家堂的高迪大街，以及多层的朱莉娅街——巴塞罗那市郊低收入社区的中心街道。其他的，例如早期的毕加索大道，为交通流量大的街道提供了直观的示范和方便行人的环境。而在城市港口滨海地带延伸的博世与阿尔西纳码头，或曰木材码头，则是一个公园和街道系统的结合部，既能疏通交通，又为城市塑造一副公共面貌，并为开展休闲活动提供场所。[8]

贯穿巴塞罗那整个都市空间项目的是一个在全市已经取得共识的观点，并伴随着这样一个强烈的信念：在很大程度上城市是有形的、客观的，并能够更新的。但是，尽管有这一共识，对于形式设计多样性的包容依然存在，这一多样性让人联想起加泰罗尼亚现代主义的其他时期，例如安东尼・高迪、路易・多梅内克・蒙塔内尔或何塞・路易・塞尔特的早期阶段。在当代项目中，这一多样性从皮诺和维亚普兰纳设计的加泰罗尼亚国家公园的极简主义风格，延伸到佩尼亚·甘开圭和里弗斯事务所设计的西班牙工业公园的极富表现性的文脉主义风格，同时从精心种植的柔软铺装到传统的硬化铺装也可以看到这些风格的表达。总之，一个具有广泛基础的、原汁原味的加泰罗尼亚风格的场所创造方式形成了。

以20世纪70年代巴塞罗那大学的教师为中心，上述共识得以形成——例如木材码头的发起人曼努埃尔·德·索拉-莫拉莱斯和何塞·拉斐尔·莫尼欧，尤其是当时建筑学院的领导者奥里奥尔·博依格斯。在整个学院，尤其是在德·索拉-莫拉莱斯创办的城市规划实验室等特殊机构，城市成为人们所专注的课题。在重要程度上，没有任何项目能超过城市项目，一切都致力于为共享的都市这一理念做出贡献。正如之前提到过的，这一理念的核心是将巴塞罗那理解为不同的、独特的城区地域的集合，而非一个整体性的系统。延续城市传统形态学的重要性也受到了相当的重视，不过是以一种新都市建筑的方式。在具有丰富建筑价值的区域，共享历史的重要性也得到了认可。这个过程被博依格斯比喻为蜕变，也就是以地方性项目为催化剂，提升城市建设的总体水准。[9]这样一来，公共修缮的价值可以通过杠杆作用得到显著的扩大，并同时激发政府和公民社会诸要素之间的互动。

49

在巴塞罗那公共空间项目的背后，还有一种强烈的动机，就是对社会配置和建筑表现多样性的追求。的确，一旦更广泛的规范和意图得以确立，地方性项目的形态和表达多样性就会被视为发展和生存的第一要务。在这些方面，巴塞罗那的都市公共空间涵盖了广泛的功能，许多公园设施为娱乐和休闲活动提供了条件。随着各种各样的公民社会群体表达各自的诉求，建筑师和公职人员强烈地意识到他们所面对的利益群体非常复杂。例如，安东尼·索拉纳斯与城市项目办公室联合开发的屠宰场公园，或曰胡安·米罗公园，在其宽敞的场地内为有组织的篮球和足球比赛提供了设施。就连不那么正规但同样重要的场所也布置了花园景点，并能够容纳像保龄球等娱乐活动。与之相反，许多城内小型广场，例如恩典区和老城区的一些广场，仅仅具备从日常城市生活的喧嚣中获得休憩的功能，远不具有针对特定活动的专门设计。随处可见的室外铺装提供了户外的公共“房间”，就如同城市私人领域的房间一样，与周边建筑风格协调一致。例如，沿着海洋圣母教堂设立的小广场令人赞[50]叹地实现了两个公共目的，同时其本身用于纪念1714年的加泰罗尼亚烈士。此外，对于公共空间的多重使用得到了相当程度的重视。几乎全部公共空间都以某种方式承担着某些功能，例如碰面、散步或仅仅是公共场所聚会——这些都是巴塞罗那生活的显著文化特征。的确，巴塞罗那的诸多公园、广场和街道，充分提供了这些简单却关键的活动。例如，德拉默塞德广场、皇家广场等很多地方如今也能够容纳并被设计用于更加正式的纪念性、政治表达性和庆祝性的集会。

还有另外两个与功能和形式的多样性相关的方面也值得注意。首先，在整个都市公共空间项目中，在开放空间的不同功能和这些设计的多样性表现程度问题上，一种独创且富有成效的认知非常鲜明地体现了出来。总体而言不幸的是，城市空间形式的变化有时候太容易为变化而变化，而没有反映出重要的文化旨趣。相反，社会多样性则会因为对特定都市风格的坚持而被否定掉。但幸运的是，在巴塞罗那，对于适当的设计差异的敏感性在空间上显而易见，比如道路网络的诸多结点设计。在这里，人们能够立刻感受到本质上差异化的空间：既有交通要道，也有能容纳车辆和步行者的街道，还有城市中心干道：既用于交通活动，同时作为集会空间行使更高级别的城市功能。例如，在巴塞罗那的城区范围内，全新的拉叶塔纳街、高迪大街、科洛姆大道和毕加索大道就与旧式街道截然不同，尽管在城市规划图上它们不过是主要的街道网格而已。

功能和形式多样性的第二个重要方面是设计中的不确定性究竟要有多大。如果一个设计方案过于具体，就会排除为其他可取却不可见的[51]功能而重新占用公共空间的可能性。另一方面，设计过于宽泛，完全缺乏实用性，也会让设计变得脱离现实，令人望而生畏。幸运的是，在一些地方，例如在佩尼亚·甘开圭和里弗斯事务所设计的西班牙工业公园，台阶的倾斜边缘对公园而言形成了一面充满活力的幕布，惯常地被观众用在户外活动中，也被更多不那么正式的使用者用来晒日光浴、阅读和休憩，或仅仅是用来社交。类似地，昆塔纳设计的高迪大街是滑板爱好者、跳房子爱好者、摆地摊的人、推童车的人和吃午餐的快递员的避难所。同样，朱莉娅大街清晰展现出：街道的传统用途可以被巧妙地现代化，从而容纳许多现代交通和休息的功能。例如，朱莉娅大街的很大一部分是非专门化的区域，允许相当大量的地方性创造发生。在火车站上方的网格区域，部分地隐藏在建设项目下面，包含了很大的一片休息区，可以用来作为午后的交谈、每周至少一次的集市、节日场所或社区集会和公共功能的地点。一个巨大的灯笼塔耸立在朱莉娅大街的上方，标志着它与附近高速环路的相交。朱莉娅大街已然既是“大街”，又是城市密集、低收入地区的邻里活动中心。

对于一个意在对城市居民产生影响的城市整修和场所重塑过程，政府和公民社会自然必须找到决策过程中最关键的沟通平台。在城市设计中，这就意味着要找到一个能够让城市形态、社会目的和文化价值融合程度最高的尺度与规模，从而为居民的日常生活创造明显的改变。但不幸的是，这样的决定往往不是抽象的规划制定，就是试图让所有人满意却实际上给予很少人投票权的宽泛社会项目，而最终获得青睐的当地项目，却成了强大利益集团的玩物。幸而巴塞罗那似乎避免了这两种陷阱。从社会角度来看，都市公共空间项目处理了城市最紧迫的一大问 52 题，就是如何在密集的都市建筑结构内开发潜在的开放空间。当然，这是否是实际上最紧迫的问题，还有待争论，然而一个明显的竞争性问题，比如住房问题，不仅仅是一个关乎缺乏的问题，而更像是一个关乎分配的问题。从政治角度来看，这些项目提供了公共投资相对快速、显著和有形的成果。更进一步，高成本效益使得项目可以在整个城市内分布，仅有少量公民不受其惠及。大型改造的建设费用也相对廉价，而设计成果对都市空间使用者的影响几乎是立即形成的，例如加泰罗尼亚国家公园和城市范围内的公园。

然而，伴随着城市公共空间提升契机的出现，强力的政治意志和远景目标也出现了。很明显，这两方面是由塞拉市长和马拉格尔市长塑造并积极领导了地方行政管理机构加以实施。即使是在争议时期，他们也都热情地支持都市公共空间的改造项目，而且两人都对实验有着不同寻常的容忍度。例如，纳西斯·塞拉直接负责大量当代公共艺术作品的布置。然而，如果不考虑这些公共官员的重要作用和角色的话，那么他们对新奇和实验的兴趣，只能被部分地理解为是都市公共空间项目那个时代和历史环境作用的结果。在佛朗哥政权的那段时期，巴塞罗那极少出现都市翻新。1979年的民主选举标志着一个时代的结束，以及一个拥有巨大民众热情的新政治时代的到来。在这种环境下，难怪回归传统会被拒绝，人们转而自信地开启一条新的当代道路。此外，从技术上讲，对于很多需要解决的空间状况而言，并不存在足够的本地先例。因此，在大多数情况下，创新是唯一的资源。

最值得注意的一大创新是路面硬化和砖石的广泛运用。[10]在这一对公共开放空间的路面铺装持续建设的背后，有若干原因，尽管也有相当争议，这里应特别提到加泰罗尼亚国家广场的大规模建设。第一，可资利用的材料和工匠传统可以被直接而务实地采用，这显然有益于降低成本和增加社会经济收益。第二，硬质表面更为耐用，维护相对简单，而且容易给人们带来一种项目已经完成的象征性感受。第三，巴塞罗那的传统中没有行道树，因而这是一个基于文化传统的决定，而不是反过来。正如我们能在意大利看到的那样，在当时的设计者圈子里广泛存在着对地中海传统硬质都市广场的偏爱，故而他们对在完整的公共广场之内出现树的意象均表怀疑。

53

为了与都市空间项目的宽泛主题相符，这种硬面广场的新传统同样使各种项目的多样性表达得以实现，其中特定的设计场景起到了部分作用。例如，由费德里科·科雷亚和阿方索·米拉设计的皇家广场关注对原有广场的重建，而原有广场是受到皇室诏令，最初由弗朗切斯科·丹尼尔·莫利纳设计，于1848年在大街旁建成的。广场纳入了多座城市纪念碑，全部经过铺设，并配备一个内部广场，和周围的建筑立面平行。高大的棕榈树以规则的间隔栽培，在规划中与复杂的轴向布局相适应。但是，与原有的设计不一样的是，整个广场现在可以被直接理解为一个独一无二的空间实体。离此不远的由城市项目办公室设计的新古典主义风格的梅尔切广场也是一个类似的经过翻新的城市空间。这个外表上谦虚低调、铺设简单的广场拥有一座喷泉和一尊在附近工厂发现的19世纪雕塑，并以此作为中心焦点。最后，如前所述，尽管其采取的极简主义风格没有先例，由海里欧·皮诺和阿尔伯特·维亚普兰纳设计的富有争议的加泰罗尼亚国家广场也是一种全新的布置。新的广场所在地之前是巴塞罗那主要通勤火车站前的大型停车场，设计上避免了与铁路和地下设施等周围交通系统的互相干扰。在这些情况下，铺设表面和骨架式 54 结构就可以理解了，尽管结果远远超出了基本的材料实用性。框架、护柱、长凳和灯柱的动态形式化抽象以一种非常节约的方式为一个广阔、充满差异的空间带来了秩序。结果既是功能性的（提供树荫、休憩处和重新定义了行人交通方式），又具有参与性，它的体量引人注目，能够形成场域，表现出空间控制感并定义了场所空间。

巴塞罗那另一个值得关注的都市空间创新项目是一类地形独特的公园，独具一种强烈的区隔感，同时将公园与附近区域区别开来，并在公园架构之内提供表达的自主性。用平面测量的术语来说，它类似一幅精心架构的画作，上面覆盖了多层表面。而且在几乎所有情况下，软硬地面、水体和陆地、雕塑般的设施及其彼此之间的对比往往被增强。此外，几何秩序互相叠加（例如绿化和道路系统），使得两种秩序都完好无损，而非化解成第三种。这一过程进一步赋予受公园影响的区域以它们原本可能缺乏的抽象感和三维空间感。整体构图中的特定元素倾向于有限且不连续，它们是公园场域秩序中通常具有的那种重音或焦点。不过，常常会有一两条边界不可避免地采取了不规则的有机形状，同附近建筑的正统线性形式形成鲜明对比。实际上，巴塞罗那当代公园的风格类型已经变得比知名的硬面广场更为独特。[11]

达尼·弗莱西斯和文森特·米兰达设计的克罗特公园就没有那么抽象，其区隔功能由保留场地原有的大型工厂结构的外部石墙来实现。公园西部有一块带护堤的、以精心种植的草坪为主的区域，形成了大体 55 的区隔，东部则由部分下沉的铺设广场区隔。从护堤上方看去，地表的起伏提供了一片独一无二的空间。构图中占据高处的建筑元素是桥梁结构，从护堤延伸到铺设的区域。其他特征，例如沟渠般的水体和由布莱恩·亨特设计的艺术部件，进一步完善了这一空间改造。在另一个例子中，西班牙工业公园同样位于本来是工厂建筑群的地点，由一道陡峭倾斜的阶梯墙作为区隔，从这一地点的一个下沉区域升起。于是柔软草坪和乔木区域之间存在大量互动。不过，公园的整体意象与克罗特公园相去甚远。它有一种独特的、表现主义的特质，尤其是在细节上，例如用于划定一侧边界的巨大光塔和观察塔。此外，由马托瑞尔、博伊加斯和马凯设计，位于俯瞰巴塞罗那的山坡上的库莱伍艾塔·德鲁·考鲁公园，以及临近城市中心，由城市项目办公室设计的北站公园，含有许多近似的总体空间特征，而且埃利亚斯·托雷斯·图尔和何塞·安东尼奥·马丁内兹·拉皮纳设计的塞西莉亚别墅花园建筑群亦是如此。

即使有本土地区的大量参与，这样一种定义式的设计手法还是会面临诸多问题，这是可以理解的。例如，行政管理的天真和疏忽使得项目资源无法合理分配，使得若干较早的项目需要大量的整修。缺乏更加连贯的总体规划，项目组织的零碎特征有时导致缺乏设计配合。创新和实验也有其代价。若干公园缺少容易辨认的装饰，成为附近居民争议的焦点。例如，在克罗特公园，有人就将条幅从公园周围的公寓楼窗户中垂下来，上面写道："什么时候才能建好一座真正的游乐场？"尽管如此，孩子们充满热情地继续玩耍，显然没有察觉到当代设计和传统设计的区别。这也并不是巴塞罗那城市设计的跃进第一次受到批评了。比如，何塞·普伊赫·卡达法尔克等建筑界的大人物就对塞尔达的扩展区的规划表示过强烈反对，他认为其过于抽象、均等主义，不关心巴塞罗那的需求，而更偏好安东尼·罗维拉不那么均质的、具有垂直等级特色的规划提议。[12]

56

在与都市公共空间项目有关的历史背景中，另一个值得考察的因素是经济周期。在佛朗哥政权之下，20世纪60年代和70年代的巴塞罗那是私有经济繁荣的时期，大量的投机性发展出现，尤其是在城市外围。但是，直到最近的后佛朗哥时代是一个相对的经济下滑时期，私营部门的发展几乎没有在任何范围内发生。由于市政府在这一间歇期采取强大的计划，公共事业可以重获典范性的地位，被当作行动的模范。实际上，地方行政机关几乎是这一时期唯一的都市发展投资者。因此，经济疲软的情况被成功转换为较强的公共领导力。随后，当经济的钟摆回摆之时，则是有利于私人投资之时，这时一种关于都市发展的新型公私合作关系得以重新确立，然而如果没有早期工程建设的铺垫，地方政府的行动能力和视野也不可能得到实现。这一点在奥林匹克运动会的准备期间无疑是明显的。奥运会使得巴塞罗那飞跃进入新的大规模都市改造时期，完成了环路、大型住房项目、5 000米的公共海滩以及周边公园改建等项目，尽管这些举措也伴随着进一步的批评。[13]

国家与公民社会的公共互动

目前看来，已经十分清楚的是，巴塞罗那成功的都市复兴的核心在58 于设定一种可行的共同目标，整合来自地方政府（或国家）和普通公民以及公民社会的多样化需求与认同感。在后威权主义的西班牙，也许这种相对崭新的富有创造性的国家与社会之间的紧张关系还尤其引人注目。毕竟，弗朗西斯科·佛朗哥主导的法西斯独裁从1939年内战结束一直持续到1975年他的去世，而此前在1923年至1930年间，则是米格尔·普里莫·德里维拉的独裁。实际上，在过去的半个世纪里，西班牙仅仅享受过五六年的民主共和。但是，在1961年至1973年间快速发展的年代里，这些都要改变，因为西班牙经济奇迹和对早期公民社会的再造，第一次创造了一个富有活力的都市中产阶级，并使得这个国家实现民主的时机渐渐成熟。[14]至少，它使得独裁和民主之间的转换更加平滑，也使得西班牙人从下层阶级向上层阶级的跳跃不再受到那么多的阻碍。在快速发展的年代，在技术专家的手上，经济每年增长7个百分点，比非共产主义世界中除日本之外的任何国家都要快。西班牙居民的物质繁荣也以令人赞叹的步伐增长。例如，汽车持有率从1960年大约100个居民中1辆增长到1970年大约10个居民中1辆——仅仅在十年间就实现了10倍的增长。但是，与其他欧洲国家相比，西班牙仍相对贫穷，1973年的人均收入略微低于欧洲经济共同体成员国平均值的一半，仅仅是美国的30%。进口仍旧高于出口，经济上只能通过海外西班牙劳工寄回的收入和旅游业收入来维持平衡。[15]

从一开始，佛朗哥的威权主义政权就高度依赖社会的其他部分，包括军队、天主教会、部分商业团体和大量的小农场主，以及城市和半城市的中产阶级与正在形成的公民社会其他部分。在具有悠久历史的西班牙军事社会传统（即支持特定政治团体持有武装力量）中，尽管这一政权全面主导了西班牙公民社会的几乎所有部分，佛朗哥政权仍然公开支持长枪党。[16]严格地讲，随着它逐渐向其他影响力量开放，这并不是一个彻底的极权主义政府。尽管如此，在1940年之后，佛朗哥主义的目标十分明确。政权代表了人群单一的天主教社会、沿企业界限组织起来的经济和社会生活，以及作为一股工业力量崛起的西班牙。这一项目的大部分（如果不是全部）成功在很大程度上依靠西班牙和外部世界的中立关系。至少在名义上是如此，尽管在第二次世界大战后的欧洲局势急转直下，但一段时间之后西班牙还是陷入了经济停滞。饥饿的年代实际上始于1946年由联合国主导的对西班牙的封锁，这一状况一直持续到1950年，这期间公民的实际收入大幅度下降，棚屋市镇在主要的都市中心广泛分布。[17]

59

在此后的城市发展中，正如维克多·佩雷斯-亚兹告诉我们的，至少有五个因素开始发生不可逆转的变化，这不仅改变了西班牙和外部世界的关系，也改变了西班牙国家和正在形成的公民社会之间的关系。[18]第一个也可能最重要的因素是经济。20世纪60年代的经济奇迹，不仅提高了生活的物质标准，而且还开拓了国内市场，带来了外国资本的流入，而且自然地也带来了相关的外部影响，促使国家控制显著减弱。旅游业是西班牙经济蓬勃发展的首要因素之一，它进一步带来了与外部世界的联系和对其他文化规范、机构类型的接触。大量移民从农村来到城市地区，或从南部来到北部，人口流动将保守的西班牙农业劳动者转换成具有自由主义观点的都市无产阶级。教会被第二次梵蒂冈会议按照代际界线划分，至少外表上看来不再那么同质化。自由派天主教知识分子也对极端保守的天主教会表示了强烈反对。最后，大学也发展出一种反对佛朗哥主义的政治文化，并随着毕业生挑战既成的行为模式，开始向职业群体渗透。无疑，到20世纪70年代中期，组成西班牙的经济、社会和
60 文化机构（实际上是公民社会的大部分）都接近于西欧的形式。因此，维克多·佩雷斯-迪亚兹、珍·科恩、安德鲁·阿拉托等学者总结道，民主脚步的到来比预想的更快，也更有戏剧性。[19]

在巴塞罗那，另一幕场景随之发生，也同样富有戏剧性。很多加泰罗尼亚人坚决反对佛朗哥主义，反对抽象地作为外部主宰象征的马德里。在佛朗哥政权之下，加泰罗尼亚语是被禁止使用的语言，这一地区实际上被剥夺了一切支持。因此，后佛朗哥时期的加泰罗尼亚地方主义（如果不是彻头彻尾的民族主义）的剧烈复兴也就容易理解了。但是，独裁期间这一趋势至少部分上由被宣布非法的、基础广泛的政党的出现所抵消，尤其是那些政治上的左派。在巴塞罗那，社会主义者最终战胜了他们的保守主义政治右派对手，获得并维持了市政权力，他们的社会、政治和文化观念与视野比之前者更加普世化。因此，统一的认同（属于西班牙）和属于独立、独特的群体的认同（作为加泰罗尼亚的一员）之间时刻存在着张力，以围绕开放空间项目的争议环境的形式展开。

可以理解的是，正在形成的公民社会，其角色和规模随着独裁的垮台而急剧扩展、成长。正如我们已经在巴塞罗那的建筑世界所看到的，文化复兴几乎立刻就发生了，部分原因是由于早先已在秘密进行的“排练”。对于很多西班牙人而言，经济状况也有所改善，尽管一些新近的问题也出现了，但欧洲一体化的进程却有实质性的放缓。也许不那么容易衡量却广泛存在的还有社会大众的变化（包括性别角色的变化），现在都从早期政权清教徒般的生活控制的五指山下逃脱，社会的包容度更大了。[20]

在西方世界的其他地方，关于公民社会、国家和公共领域的功能的思考开始有所转变。随着私人和公共领域的界限持续变动，以及少数族裔和特殊利益集团中的身份政治变成一个合法性问题，社会提出了所谓
61 “公共”是谁的“公共”的讨论，一些人甚至开始怀疑，对于公共领域是否真的可以进行任何可辨认的、独特的概念化。[21]很多人认为，在不可避

免的公共和私人生活的平衡中，尺度被调整并故意偏向私人。对于一些人而言，例如社会历史学家理查德·森尼特，这是由于19、20世纪“社会隐私观”的崛起，相反，理解个人隐私行为的社会心理学基础却扩展进入了公共领域。[22]这造成的结果就是公共和私人生活的混淆，对后者进行评估的标准和过程也被用于前者。这么做的一个后果是，对家庭作为社会支柱的强调，以及个性观念过度伸展向公共领域，那些学者对当代社会的多样性、大都市生活、差异、不连续性等显得并不是那么接受。另一些学者，例如大卫·哈维则描述了何为真正的公共领域，它变得更加消费主义，变得拥有更多的闲暇，可与此同时，社会价值却出现了总体退化。[23]哲学家汉娜·阿伦特发现自己很难忍受大众社会，这并不是因为其规模或品位，而是因为它缺乏一种共同的价值立场，或者说缺乏人们真正能够相互联系、聚集在一起的途径。[24]

杰出的德国当代哲学家尤根·哈贝马斯在其关于这一主题的主要著作中已然承认了“公共”和“私人”概念被赋予的多重含义。[25]的确，从他的社会词源学论述中，这两个概念自古希腊罗马时代以来已经经历了至少三次重大变化。根据哈贝马斯的说法，在现代认知体系中，私人世界包括家庭的私密领域、个人道德宗教意识的问题以及做出经济决定的自由。相比之下，公共权威则与国家政策、宫廷和政府联系在一起。公共领域是一种体现公共性的地点，它包括政策的公共领域、俱乐部生活的公共面向和其他自愿性社团，以及总体上的“市镇生活”。[26]公民社会是公共领域之内的一个组织建构，描绘有着共同利益的人的联结，并且是“作为非人化的国家权威所催生的必然结果”。[27]哈贝马斯认为，正是国家的异化以及通常与组织化权威不相符的潜在批判性能力，使得私人领域的公共部分变得十分必要。在哈贝马斯关于这些要素的论述中，他采纳了资产阶级社会的“交易模型”——也被称为“谈话模型”，基于商品、新闻、邮件和其他通信方式以及股票市场的沟通和往来，以及多种阶层和类型的个人或群体的角色扮演。[28]这一模型的关键分析能力在于它远远超出多数主义政治和自由主义对基本权利与自由的保障之间的传统冲突，其分析的深度至少已经到了这样一种程度，即探讨或界定

62

交易和谈话规则的规范性和清晰定义本身已经很难被确定下来。简而言之，“游戏规则”可以在游戏自身内部被争论，这比较接近那种所有事情都可以争论的理想化的民主辩论。其他学者，例如科恩和阿拉托，多少持有相似的立场，却将公民社会定义为经济和国家之间的互动，后者首先由私密关系构成（例如家庭，同时包括自愿性组织和社会运动的领域）。[29]

对于汉娜·阿伦特而言，“公共”的概念即意味着强调公开性或公共舆论空间的浮现，在这里一个人被所有人看见或听见，但这一概念本身也带有一种价值理念，即共同的世界为所有人所建构。[30]进一步而论，正如她的说法，共同世界不仅将我们聚集到一起，而且它“防止我们与彼此脱离”。在阿伦特关于公共性的概念化中，同样清晰的是一种持久的、超验的特质。按她的话来说：“如果世界要包含一个公共空间，它不能只为一代人建立，或者只为现世的人筹划，它必须超越凡人生命的范畴。”这里她用古希腊的“polis”（城邦）概念和古罗马的“res publica”（共和国）概念加以佐证，它们创造出了一种共和的道德范本。那么，那种暗含在 63 某种需要体现道德性的社会工程中的理念（再次借用佩雷斯-迪亚兹的话）就赋予国家以权威和道德感召力，虽然这往往是以虚构或神化的方式来进行。[31]当这样的虚构和神化失去其可信度（正如它们今天所经常需要面临的情况），国家的功用就会被削弱。除了拥有共同之处，社会成员也须积极地认同社会和文化所应具备的多样性。“只有当事物可以被很多人从一系列不同的方面看到，并且不需要改变他们的身份认同时，这些聚集在它们周围的人们才能从多样性中看到同一性，”阿伦特写道，“只有言说才能让真实与真相出现。”[32]正如人们从这一点可以想象到的，阿伦特的公共领域类型学可谓是变化极大。举个例子，持不同政见者碰面的餐厅和市政大厅同样都是公共场所。

在自由派传统中，基于个人权利和自由来理解权力与权威的正当性至关重要。[33]日常生活中公共和私人领域的关系倾向于以民主社会重要机构的公共问责制为中心。在理想情况下，我们需要这样一种至高无上的行动的原则发挥作用：社会的任何成员必须愿意与他人讨论和辩论“善”这个概念，无论他们之间存在着何种相对优势或社会地位的差异。从自由派的角度，多数人的暴政被看作是具有侵蚀性的，因为它会掐断公共讨论，从而侵犯个人自由。原则上，社会行为的某些整体方面，比如个人自由和保障这一自由的公民权利，比一个社群的其他方面更为重要。因此，“公共”概念本身就与政府和国家同义，而私人领域包括所有公民社会和家庭的面向。的确，在这一机构群体中，公民社会的首要任务是促进公民在公共利益问题上展开讨论。

黑格尔在《法哲学原理》中也区分了家庭和公民社会，并强调个体对二者的需求。[34]随着公民社会越来越被广泛认可，它是一个选择的领域，在这种情况下占统治地位的原则是一致同意和契约。进一步而言，这些同意和契约，尽管它们无疑控制着经济和其他商业交易，也带有默许的成分。例如，日常礼貌规范被公民社会所接受并最终成为占统治地位的美德。显然，这些准则是具有实用价值的，它们通过一个人对待他人的举止来定义何为尊重他人，对于将陌生人聚集到一起的“交易”而言是十分必要的。这些公民社会的潜在法则也进一步揭示了公民社会的机构和活动可以被更好地理解的途径。例如，语言和方言、业余生活习惯、饮食的礼仪都成为强大的描述性维度。例如，文化理论家奈克特和克鲁格强调了幻想的重要性，以及官方用语和口语之间的差异，而口语是一种处理和有效表达生活经验的官方版本的异化方式。[35]在澳大利亚方言及其用法的例子上，两种观点鲜明地汇聚。举一个例子，班卓·帕特森的芭蕾舞《玛蒂尔达的华尔兹》的表达方式，不仅对官方而言是不可理喻的，而且还是有意为之，它描绘了一个从英国殖民压迫的审判中解脱的可怕幻想。“你将会来玛蒂尔达和我跳华尔兹”实际上形容的是被关押的状态，流浪的布须曼人通过自杀而逃离。

64

建立在黑格尔的基础之上，社会学家塔尔伯特·帕森斯在其社会团体理论中将公民社会或其等价物视为部落亲属关系、封建领地等传统形式和现代状况之间的调节，这种多元主义在当代社会得到鼓励，并在法律上得到保障。[36]对帕森斯而言，现代意义上的公民权，意味着成为社会团体成员而非国家成员的平等机会。换句话讲，平等的公民权利保障同国家对等的社会行动的各种自发形式，例如言论自由、集会自由等等。

相比之下，安东尼奥·葛兰西的作品同样从黑格尔的基础出发，首先采纳包含公民社会、经济发展和国家权力三部分的概念框架。[37]接下来他将公民社会的特殊形式和内容视为阶级斗争的结果。例如，当中产阶级
65 在斗争中取得霸权，公民社会就显现中产阶级的价值和文化规范。尽管这一公民社会视角过于机械，不是资本主义的就是社会主义的，但葛兰西的三部分框架确实避免了在公共和私人部门更简单的区分中通常出现的经济和政治化约主义。

在大部分（就算不是全部）这些思考中，关于"公民的"概念，其内涵介于私人领域和官方公共领域之间。更重要的是，它是行动和影响力两方共同塑造的。正如同完全私人的事件很难是公民的，而部分国家的功能（例如国防）也完全缺乏公民美德。公开性同样是公民领域的重要面向。它们是公众出现的场所，正如人们在今日巴塞罗那城市空间发现的。从阿伦特的视角看，具有公民性的事物将人们汇聚在一起，给予它们持久共同的感觉，同时维持表达的统一性及其象征意义，以及人的多元性和思想观点的多样化。实际上，正如上文已经指出的，这一双重维度正是巴塞罗那城市体验的一大显著优点，它既是加泰罗尼亚的，又是为满足城市内特定邻里和社区的需求而制定的。此外，什么是私人的，什么是公共的（也就是什么是公民的），这之间的界限也随着社会变革和发展而改变。例如，加泰罗尼亚的现代主义无疑通过时间和地点被联系起来，却通过城市生活的不同的机构面貌而合适地表达。[38]从交易模型来看，城市维度的谈判特性出现，潜在包含官方和非官方版本的经验，以及相当持久的交换、交易和谈判过程。例如，棕榈广场的使用就带有这一面向，对一定程度的即兴创作和地块交易的依赖并不低于任何别的东西。最后，生活的公民维度对于保持公共机构负责、保证个人权利和自由的多样化完全必要。用具有美德的建筑来促进社会进步——在巴塞罗那是显而易见的——这是最为重要的公民责任。著名的美国参议员
66 丹尼尔·帕特里克·莫伊尼汉曾经这样说，"建筑不应该让个体的公民意识到他们多么不重要"，而应该创造"一个亲密的公共建筑，通过私密和信赖的体验将人们引领到一起"。[39]

公民场所的创造与巴黎的宏大计划

即使巴塞罗那建设已然取得如斯成就，想要在这里找到介于都市建筑公共空间和政治公共空间的对应的公民空间也很难，这是因为这种空间要么过于理论或概念化，要么就是实践性太强了。政治公共空间是抽象的，它首要考虑类型差异，以及社会中公民生活的公域与私域之间产生差异的过程。相比之下，都市建筑公共空间的内涵更加具体、有形，并且静止不变。这就导致寻找政治公共空间和城市建筑空间领域的直接对应大概率是不可能的，但是将什么是公民的定义应用于政治生活和建筑之中又显然是可能的。例如，人们很难质疑巴塞罗那都市公共空间项目的公民性。同样，这种体验也很难与哲学上的公共空间联系起来，比如那些在巴塞罗那的都市复兴项目中具有相当影响力的日常示威活动所塑造的公共空间就很难作此联系。那么，如何在两种公共空间之间搭建起联系呢？结果又会如何？

将一种公共空间有效映射到另一种公共空间，通常包括三个分析维度：程序化、象征性和建构性。第一，在程序化维度里，之前的核心问题被改写。从功能和都市建筑的角度讨论，在怎样的状况下，人们现存的公域和私域之间的那种合法的政治文化差异会被阻碍或被提升？换句话说，在一个特定的地点，会发生或者可能发生什么公民事件？例如，在一个超市中设置一个审判室，可能严重损害司法过程中必要的权威氛围，或者取决于这一权威氛围的程度，导致这一过程无法实现。第二，在象征性的维度里，问题变得略微不同。如何最好地表现公共与私人生活的相关差异性和共通性，并以空间标志性的、符号性的或其他建筑方式加以清晰表达？简而言之，城市领域的空间面貌是什么，或者在家庭中，家庭住房如何看起来不像是公共建筑？反之亦然？第三，在建构性的维度里，都市建筑项目如何表达（或在其他情况下创造）公共与私人领域的深层差异和构造，从而增强生活的公民性体验？例如，正如我们将在第四章所看到的，通过给私人工厂增加巨大公共立面，19世纪末纽约 68

的Loft建筑显著地扩展了城市的公民规模。这一维度也隐含着政治上的公民事业和都市空间结构之间的互惠关系。换句话说，好的公民空间是可通达的，对所有参与者而言都保证了表达和平等的归属感。它需要避免压迫性的表达，并鼓励官方以及非官方地对使用方式的阐释。更进一步，它提醒个人更大的责任感，展现一些可以传给未来几代人的东西。在这些方面，政治权力的威严与威信都可以通过好的城市建筑表达而得到缓和。尽管这一过程无疑会运用符号工具并诉之以合理性设计，但符号的选择和什么是合理的这些都应该开放讨论。

弗朗索瓦·密特朗的巴黎宏大计划，正如巴塞罗那的城市空间，是符合公民空间与上述标准的范例。[40]从1982年3月的一则公告开始，宏大计划很快就确立了密特朗对城市文化功能的高瞻远瞩，尤其是在这个财富和收入分配改革很难推动的时期，很大程度上帮助他的社会主义政府提高了很多巴黎人的生活质量。时间一长，这一项目也使得密特朗在巴黎留下了他的个人印记（多少有些追随早先法国领袖的足迹），并且推进了巴黎大都市的国际功能。这些计划在地点位置和类型的选择上有所差异，尽管大部分集中在巴黎的东部和中心，以及西部边缘的拉德芳斯。例如，圣吉纳维夫项目关注拉丁区风景最优美的地带的复兴，相比之下，拉德芳斯拱门建设则主要考虑如何兴建一个几乎全新、高密度的商业区。在这些计划中，公园的形象以及独栋的公共建筑表现得尤其突出，例如1982年由卡洛斯·奥特设计、位于巴士底地区的歌剧院；有的则将重要的旧有建筑增添具有可替代性的公共功能，例如由盖·奥兰蒂设计、始建于1977年、位于奥赛火车站的博物馆。不同于过去的其他任何时期，巴黎这一时期的大部分项目都基于竞赛获奖作品的设计，这吸引了大量外国参与者竞标。的确，在20世纪80年代末期，据估计约有2 000名为大巴黎计划工作的设计师，他们来自世界各地。

69

密特朗和巴黎市长雅克·希拉克之间尽管存在政治立场的差异，但他们都对好的现代设计感兴趣。[41]此外，他们的合作在诸多项目上具有决定意义，包括贝聿铭设计的卢浮宫附加部分和奥斯德利兹火车站的翻新。不同于第五共和国的前任总统乔治·蓬皮杜，密特朗在塑造各种项目时并不发挥个人风格的作用，也并不试图设想某种获得一致同意的设计哲学。相反，他感兴趣的是将最好的建筑设计师吸引到巴黎，在设计的问题上完全信任设计师的能力。但是，在1984年的一次采访中，密特朗确实强烈支持现代设计，表达了对纯粹形式的喜爱，例如拉德芳斯的立方体（1985年至1989年期间建设、由约翰·奥托·范·施普雷克森设计的拱门），1986年贝聿铭在卢浮宫设计的"金字塔"。[42]首要的是，他似乎更看重规模、地点、形式、效率和视觉整合的综合特征，从而打造出他的领导班子所修缮的每一个项目的整体规模和风格面貌。

公民社会和国家的互动在宏大计划的建筑设计风格塑造中表现得尤为明显。现代和传统建筑的张力在第五共和国大部分时间内持续存在，从夏尔·戴高乐将现代化巴黎计划引入战后年代时就已开始。[43]实际上，1963年德鲁瓦的城市战略性计划所做的正是这一点，它逆转了从第四共和国继承的去中心化规划，相反地致力于将巴黎发展成拥有边缘新城的都市圈。后来，在1970年，蓬皮杜（具有现代主义品位，这作为法兰西共和国符号很合适）接受了摩天大楼、高速公路和大规模都市更新。但是，随着愈演愈烈的公众抗议，尤其是围绕蒙帕纳斯、德芳斯、巴黎大堂（这三个地区均经历了现代主义的更新和扩展）的丑闻后，这一趋势很快就停止了。[44]1974年当选总统的自由派候选人瓦勒里·吉斯卡尔·德斯坦迅速号召对巴黎所有大规模项目进行审核，并且同样迅速地表达了对传统和保守的偏好。1974年的巴黎土地使用规划结合了谨慎的分区、微妙的建筑规范和对巴黎原有建筑基础的强化的延续性与和谐。很快，一种伴随建筑（一种将附近老建筑联结起来的建筑）开始出现。公众对正统现代主义的表现手法的情感方兴未衰，这导致一种"新现代主义"的阐释性符号主义的兴起，这是一种基于现存的建筑环境而设计的符合人性的、尊重建筑文脉的当代思潮。相比之下，"后现代主义"被降级应用到郊区。因此，到20世纪80年代的密特朗和希拉克时代，这种"新现代主义"（在曾经存在的意义上）成了巴黎的"官方"都市建筑。[45]

70

密特朗的宏大计划还有其他引人注目的特点，比如建筑具有德性的观念，这种观念在更早的关于公民领域的理论定义之中就已存在。密特朗不仅因为可感知的文化功能而重视巴黎，他也将其功能的转换视为一种重振公民自豪感的方式，也许更重要的是，他要为巴黎人树立一个可以追随的范例。这一说教式(被一些人批判为高级资产阶级品位向社会其他部分的强加)的特点目的坚定，而且最终非常有效。正如在巴塞罗那一样，对公共项目的普遍回应是对公民社会其他部分运行的一种模 71 拟。正如博依格斯设想的那样，种子已经被种下，更加大规模和地方化的复兴正在孕育。在第19区，马宁–饶勒斯地区的发展就混合了公共和私人部门的活动，这就是一个恰当的例子。

追随拿破仑三世和第二帝国的传统，一系列花园设计为密特朗和希拉克统治下的巴黎增色不少。实际上，在几乎全部地区导向的宏大计划中都能找到绿化区域，以及更加特别的塞纳绿带，同废弃、未充分利用或过时的场所的再开发相结合。后者的显著案例是位于巴黎东北边缘贫穷的19区、用老屠宰场重新开发的拉维莱特公园。[46]自从1979年创立以来，作为地方公共团体，拉维莱特公园的管理机构就积极地参与并管理公园和所有设施的建设，包括科学和工业展览、大厅、大面积的音乐设施。[47]这一场所覆盖约55公顷的区域，将乌尔克运河包裹在内。乌尔克运河和附近的圣丹尼斯运河、圣马丁运河最初将整个区域作为河流贸易的中心开放。此外，拉维莱特公园在历史上也起过中转站和城市通行收费处的作用，尤其是在前往佛兰德斯和德国的商路上。

1982年，关于拉维莱特公园的国际竞赛设立，它公开号召创造一座面向21世纪的城市公园，为文化娱乐、教育、运动等复杂活动提供场所，并且能够作为当代巴黎的“社会场域”。伯纳德·屈米的优胜提案适时脱颖而出，创造出令人激动的新样板，同步创造了当代城市生活的有序 72 感与失序感。借鉴《曼哈顿手稿》(一场探索空间和使用、对象和事件、布景和脚本以及类型和项目等建筑概念的绘画展览)，屈米创造了一个由节点、线、面的建筑设施整合起来的系统。[48]除此以外，这三种空间组织的建构及其在整个场所上的强加，使得许多分离的、非巧合的、潜在冲突的当代城市面向得以被表现，此外还孕育出一种生命感和开放感，根据官方的说法，这是公园的一种共同主导性的反映。技术上，项目包含隐含于空间结构的中性节点网络，按照120米的间隔设立，与大约将这一场所沿东西方向二等分的乌尔克运河平行。北边是科学与工业博物馆，南边是大厅和音乐设施。这些节点中的很多个（一共有25个）被各种形状的红色建筑占据，每个都是边长10.8米的立方体。有时这些仅仅是装饰性的，有时具有特殊的功能，例如咖啡节点、快餐节点、用来观赏周围景致的观景节点，以及用作娱乐场所的音乐和爵士节点。节点的物理形态和功能并不一致，这既是故意为之同时又容易引发争议。屈米强烈反对形式与功能的统一，这是一个强烈的正统现代主义者的典型特征。[49]

其他两个系统“线”和“面”分别标志着道路和具有不同主题的众多花园。例如，镜花园被屈米设想为灵巧地展现“真假景观”，现实和其镜像通过28个2米高、带有磨光钢镜的巨石结合起来。在晚上，隐藏的投影机将镜子点亮，制造出令人不安的效果，进一步增加这个地方的陌生感。稍远些是阿兰·德里斯尔和藤子矢设计的雾花园，微射流制造出模糊的水平窗帘。这一效果在晚上进一步通过镭射投影强化。再介绍一处景观：竹花园位于公园南部最西段的场地，被形容为三角草原，临近咖啡节点。花园由亚历山大·谢梅道夫、丹尼尔·布伦和伯恩哈德·莱特纳设计，它嵌入一处宽阔的空旷空间，深达6米，一边被大型热反射水泥墙支撑。这一环境内生长大约30种不同品种的竹子（在法国，这里是竹类植物第二丰富的地方），同时这里还有扩音器，这让风动竹音如同一首曲子。总的来讲，每个花园都位于蜿蜒曲折的公园道路旁边，被规律、间隔的红色节点建筑所打断。[50]

73

屈米对拉维莱特公园的构想带有制造冲突并塑造规则的鲜明特点，这隐约体现出哈贝马斯关于公民社会和国家之间关系的论述，以及“交易模型”的讨论。显然一个人可以以一系列不同的方式与公园的“节点”“线”“面”适应沟通。一个空间系统及其非难以预料的后果一起进一步吸引人们关注这一冲突与规则、正式与私密的城市公民场所。此外，节点相当有趣的标志性特征使得人们的注意力偏离任何官方或其他形式所承载的含义。反之，符号指向几乎是反权威主义的而且明显是玩具般的，迅速带来游戏和由此而来的即兴创作的想法。有趣的是，每个节点都很大，标识出周围的一片空间，通常有椅子或其他非正式的闲坐设施。显然这里要表达的讯息是，尺度大胆、具有特定的纪念性的设计没有必要承载任何权威或官方符号，无须清晰可识别的威严与威信——正如之前讨论过的那样。相反，这些元素可以是一种有趣的邀请，让使用者在这一过程中去发现自己。

克里斯蒂安·德·保桑巴克设计的音乐博物馆、举办流行音乐会的顶角音乐厅，以及阿德里安·范西尔伯设计的科学与工业博物馆都吸引了大量的访客。实际上，在1992年，拉维莱特公园共迎接访客840万人次，其中足足有590万人是为了参加室内活动而来。[51]这里大约每天有23 000名访客，很多是来自邻近的马宁-饶勒斯地区的孩子，他们来这里探宝或做些日常业余活动，但也有来自巴黎以外地区的游人。拉维莱特终究是一处对所有巴黎人而言都具有吸引力的重要文化活动聚集地。而且，它也实现了密特朗和希拉克的总体规划目的，即重建与重新分配巴黎的公民活动。

74

更晚近的雪铁龙公园是另一个重要的既有地方性抱负又有都市雄心的开放空间整修项目。这一公园位于巴黎西南部15区的塞纳河畔，起初也设立了设计竞赛，招募了一个跨领域的设计团队，开展与公共官员、大众，尤其是附近居民的合作探索。[52]这一团队包括建筑师帕特里克·伯杰、让-保罗·维格、让-弗朗索瓦·卓得利，以及景观设计师吉尔·克莱门和阿兰·普罗沃斯特。选址的形状并不规则，包含一块位于旧有建筑之间的空间，占面积约35英亩。施工于1992年开始，并有一个更大的翻新计划，包含大约2 500座住宅单元（主要是中高层的房屋），配置有2座宾馆、2所学校、1间旅馆、1个大型公共停车场，还有大约3 000平方米的艺术家工作室，主要都采用了Loft空间的形式。

雪铁龙公园的最终设计主要是一块巨大的长方形露天草坪，从泊船处和小运河起向南北方向垂直伸展，与塞纳河平行。潜在的网格空间结构建立在露天草坪的几何延伸线上，延伸至附近的花园，这主要是用来建设一系列由玻璃与柚木构成的装饰性建筑，从而定位小路、入口和东边可供俯瞰的露天草坪。一条突出的对角线小路横切这一包括露天草坪在内的空间结构，将偏远的花园部分和其他部分联结起来。这里一共有14座植物园，若干水池、涌动的喷泉和多条在不同层次穿行的小路。的确， 75 正是许多修缮项目的三维体量，让公园在景观上带有了强烈的特征，它们给予使用者如此可感知的多样性。例如，6座小花园在玻璃装饰性建筑的对面，沿着露天草坪分布，能够营造出声音、触觉和视觉的多维观感。

本章不断重复的主题，即关于在一个大型社区性的社会系统内的多元主义和个性的理念，在雪铁龙公园得到了充分体现，其公共空间和公民性的结合是一场探险。显然，这里存在着形式化的空间定义系统，主要是很多垂直相交和轴向走向的小路；但也存在着穿越公园的不那么正式的、特异的通路。通过不同的小型花园，互动式的个人体验得到激励，尽管令人印象深刻的大花坛的整体形象仍旧占据着游人视线的焦点。总体来讲，小路和不同的花园为建设项目带来了不规则的、异质的外部层次，使得公园能够顺利融合到周围社区之中。同时，大型的花坛也拥有足够大的规模，能够得到认可，成为城市内独特的场所。在符号上和空间上，相反的或互补的状况的互相依赖，在整个项目中都展现出来（宏大与地方，城市与街区，正式定义与特异体验，既成历史与当前使用）。从最后一种视角看，大型花坛、运河等元素的轴向排列完全让人联想起了勒诺特尔和其他法国景观传统的大师，尽管人们玩的游戏和使用的方式是完全当代的，有时是即兴的。另一个值得特别关注的特征是温室建筑物高高的玻璃和柚木线条，每个都建立在混凝土的台基上，高于公园总的地平面。作为景观中如此凸出的建筑，在一个层面上它们几乎完全是公共的。在另一个层面上它们又几乎是私人花园，可以完全被个人或很小的群体所占据。这一透明设计本身在其各个方向上都有效地避免了隔绝感，同 76 时又为外部的城市居住者带来了辽阔的景观。的确，宏大计划中透明度的问题最近被建筑评论家安东尼·维德勒所提及，他写道："关于公共纪念性的奇怪理念，已经被人们遗忘了……然而它代表着法国国家的全部重量。"[53]但是，经历过关注公民行动的巴黎规划，以及始自第五共和国的过分的现代主义，这样的概念就显得不那么奇怪了。它集中体现了巴黎和法国集体文化的认同，并体现了国家与公民社会良好的平衡关系。 77

“若梅广场这些天相当热闹。”伊莎贝尔提到。她朝窗外往现在已经变得熟悉的两个守卫看去，他们仪式般地穿上挂满了红色和蓝色斑纹的制服，懒洋洋地靠在车上，几乎不看举着条幅和标语的公民群体，也不看对着塔楼、摁下相机的游客。“是的，但我希望这会持续下去，不知为何，我希望事情不要变得太熟悉，太毫无新意。”约瑟夫应道，故意误解他的同事暗示的部分。“你是什么意思？”她追问道，竖起眉毛，神态看上去确实很困惑。“嗯，我不知道……你看，这是我们，这是他们。”他说着指向广场那边。“然后现在这里是那些其他人……看，我显然希望市政府是有效的——不要误会——但不仅仅是通过这些动作。不知怎么地，人们——例如那些从新巴里来到这儿的人——必须开始照顾自己。”他接着以严肃的态度说下去。“你依然是理想主义的，啊，约瑟夫！”她微笑着拍了拍他的胳膊。“但是记住，这是政治，所有的选票都算数。”她接着以责备的口气说。“是的，但是谁的政治？”他迅速地回应，尽管并没有被她的声音中优越的口气惹怒。“当迫不得已的时候，伊莎贝尔会下去那儿和他们一起的……我知道她。”他心想。“但这就是当今的困境，不是吗？”他接着想，尽管这次出了声，依然不完全和她的思路同步。“噢，别说了！我们走吧，否则赛特会像上次一样人满为患。”她说道，现在有一点恼怒，示意约瑟夫朝门口走，这时钟刚开始敲响三点钟。

——佩德罗·A. 卢波–加西亚，《善良的人》

第三章　现实主义与世界创造

“奶奶，你一直都住在这里吗？”女孩看着祖母问道。祖母正在窗边喂麻雀；这是她每日例行的事情，至少从琳达记事起就是如此。“不，亲爱的，”祖母答道，“你的祖父和我从山那边的村子来。最初我们和尼诺叔叔住在蒂布蒂诺，后来才搬到这里。那是段艰难的时光。不使劲工作，就没有饭吃——不过，我并不抱怨！我们已经挺过来了。”

“蒂娜，蒂娜，快过来！”阿达尔韦托低声说。“又怎么了？”她问，一下子就醒了，怀孕的身体重压着她。“我们终于有自己的地方了——我们的家！”他高兴地作答，难以抑制激动。“但是，阿达尔韦托，要骑伊塔洛的电瓶车过去，对孩子可不好。”“没关系，并不远的。”

“噢，这里真的很像坎普利！”蒂娜惊呼，不自觉地用手捂住了嘴巴。“看那倾斜的房顶……还有烟囱……还有阳台！”“当然，这里还有些简陋。这街道需要整修，不妨再种些树。”阿达尔韦托说道，微笑地看着充满喜悦的妻子。

——皮耶罗·G. 蒙特威尔第，《回家》 83

多少个世纪以来，何为真实的问题一直盘踞着人类的思考。在柏拉图和苏格拉底的时代，图像和文本中表现的事物已不再像从前那般真实。艺术不再是不言自明的；即使是相对直白的《圣经》题材图像也是如此。黑格尔称艺术是“一个过去的事物”，显然并非宣布这一领域的终结，而是说表达神性不再像过去一样简单直率。[1]民众的通俗言语和文化承载源远流长，可以追溯到《穷人圣经》等传统，却不再享有绝对的支配权和不受质疑的解释力。[2]如今，科学提供了一种新的、令人激动的描绘现实的方式，不过时间的检验也发现了这种方式的局限性。

如果问起何为真实，我们这个时代的人大多会说，这要视情况而定。这一回答立刻就暴露了我们的概念工具随环境而转移的相对主义取向，但哲学家未必同意。一些人，例如大卫・帕皮诺，认为真实作为实体是独立于思想的；大写字母R开头的现实主义超脱于人类判断而存在。[3]另一些人，例如纳尔逊・古德曼，则持怀疑论和相对主义的观点。古德曼认为：“一个世界可以被视为多个，多个世界也可以被当作一个；是一个还是多个取决于看待的方式。”[4]进一步而言，看待世界的方式依赖人们采用的“参考框架”，而这一框架从属于描述系统。既然从本质上来讲人们显然无法完全独立于这些参考框架来描述一件事物，我们就被我们的描述方式所局限。进一步分析，古德曼得到了和恩斯特・卡西尔基本相同的结论，后者试图通过跨文化研究寻找一个唯一且普遍的理解事物的基础。参考框架并非给定的，而是从既有的少数几个参考出发，在一个持续不断的创造世界的过程中得以显现。不那么激进的相对主义者希拉里・普特南主张以小写字母r开头的实用性的现实主义。[5]这样一来，他的立场是真理或真实依赖人们的“概念体系”，但不能否认它们仍是真理或真实。从常识的角度看，同时做一个现实主义者和一个概念相对主义者是可能的。概念现实主义指出有多种现象的叙述方式，这些方式都有其内在逻辑、可行性以及（尤为重要的）实用性。[6]古德曼可能会同意，这些叙述方式不仅是传统。它们达到一种常识层面的真理和对世界的洞见，尽管随着时间的流逝也需要修正。

84

美学现实主义的特性

在最为特殊的用法中，“现实主义”这一术语在具象艺术中指的是一场历史运动，其最为连贯一致的表达是在大约1840年至1870年或1880年的法国。根据艺术史家琳达·诺克林关于这一主题的经典著作，那一时期现实主义的目标是“基于对当代生活的仔细观察，诚实、客观、无偏见地再现真实世界”。[7]但是，更宽泛地看，现实主义并不仅是艺术风格的问题，而更是一个哲学问题，其核心就是真实这个棘手的概念。传统观点认为，真实绝非“区区外表”、“镜像”或仿真，而是处于日常生活中的感官直觉和表面现象的国度之后。于是，关于现实主义的思考中总是带有些本质主义和对于生活真理的追求；此外，正如人们可能会想象到的，在试图把握本质和追求真实之中，现实主义很快成为一种意识形态。时代会改变，塑造时代状况的观点、偏好、态度亦然。随着时间的流逝，人们关于“什么东西更为重要，而什么不那么重要”的判断也会转换。人类活动中极少有领域能避免这种改变——也许艺术是最不可能的。的确，艺术执着于真实或者真理的版本，常常成为更广范围中创造世界的文化事业的先驱。

19世纪中期的艺术现实主义是对浪漫主义感伤的反动，是一次更直接地处理社会相关题材的尝试。[8]所谓的历史绘画和崇高深奥的主题被抛弃，取而代之的是取材于当代世界的日常主题。正因如此，艺术的时 85 空维度被极大地压缩到“此时此地”。正如诺克林所说，在西奥多·席里柯、让·库尔贝、奥诺雷·杜米埃、让·弗朗索瓦·米勒等画家的笔下，农民和城市无产阶级成为备受偏爱的焦点。以库尔贝的《裂石者》(1849) 和米勒的《扶锄者》(1859—1862) 为代表的油画以及杜米埃的素描《三等车厢》(1856) 都捕捉了作品对象的存在——实际上也是他们的生存——中特定的典型时刻。此外，每幅作品中不多的人物和中景的视角既突出了观察体验的即时性，也强调了与社会环境背后的历史状况可能的关联。例如，《裂石者》中体现出的彻底的孤立感和工作之艰辛就是对于劳动者在逐渐显现的现代世界中岌岌可危的生计的评述，同时也在向他们坚忍的英雄主义致敬。[9]詹姆斯·惠斯勒在1982年对于那些紧紧抓着老巴特西桥的人的描绘也捕捉了现代意义上的危险和隔绝。[10]现实主义的基本特点正是其社会批判的能力和艺术中的民主追求，戒绝任何现成的、神圣的艺术题材。后来，埃德加·德加对于舞者、咖啡馆以及劳动人民瞬间的、几乎是碎片化的描绘更加敏锐地推进了这种如实的、饱含社会寄托的绘画特点。

除了对当代性和社会议题的关注，惯例和真实的对立也是19世纪现实主义者思考的问题。恩斯特·贡布里希明确指出，存在着一场反对“图示”和对于世界约定俗成的看法的抗争。现实主义主张用直接观察法对现实开展更加实证的调查，反对仅仅依赖关于一个场景或事件的二手知识。[11]英国画家约翰·康斯太勃尔提出，一个人需要忘掉过去看到过的，并直接走向眼前的现象。这里，一种科学的移情作用在运作，它强调准确性、事实依据，甚至真理的普遍化。例如，这样一种文学实践得到接受：现实主义小说的倡导者埃米尔·左拉，居斯塔夫·福楼拜，或埃德蒙和茹尔·龚古尔兄弟之间的对话充满了对于周遭环境冗长、极具细节的描述。不断使用“他说”或“她说”之类的句式也带来一种超然的冷漠感。的确，通过运用场景的手法捕捉日常环境和经历的具体性，福楼拜属于首先将小说抽离戏剧性的作家之一。[12]此外，尽管忠于特定的地点和情境，故事的陈述总是在更总体的层次上隐射当代生活的重要面向。真诚和自觉的客观性被结合起来，用于阐明当代生活的根本状况，尤其是受到社会剥夺者面临的困境。史诗性著作（例如左拉的《萌芽》）的目标即是如此，而且确实产生了重大的政治与改革效应。

86

仍然依据诺克林的观点，在19世纪后期，现实主义绘画的题材和风格都发生了改变。[13]出于对日常生活的关注，城市和乡村之外的郊区题材也开始浮现。绘画的人物对象来自中产阶级，抑或出自工人阶级的背景。克劳德·莫奈和年轻的巴蒂诺尔画家的作品诠释了这两种转变，其结果是露天写生技术和那个时代极具反叛性的主题的结合。[14]夏尔·波德莱尔1846年发表的著名沙龙评论中提到，“当代生活中英雄主义”在减少，绘画中处理人物和景观的方法更加随意。现实主义立场中的矛盾也在这一时期变得更加明显，如果说以前还并非如此。一方面，现实主义者宣称的对于自然的描述性姿态和精确性追求误解了自然科学和内在规律的观点。另一方面，认为对场景本身的坚守并不存在于以往的艺术实践之中，这一观点和大量艺术家采用的著名的构图原则和形象先例并不一致。例如，诺克林指出，库尔贝的早期作品《路遇》似乎基于更早的一幅插画《流浪的犹太人》，尽管画中的环境都显然是他的家乡蒙彼利埃。[15]毫无疑问的是，观察的重要性比传统更加得到强调；尽管如此，长久以来广为采用的艺术传统仍有持续的生命力。

87

在之后的多种现实主义题材的复兴之中，现实主义出现了新的特性。从大约1870年到1920年间起，关于文学现实主义的批判性争论聚焦于埃米尔·左拉的自然主义。尽管左拉的文学立场在社会层面的深刻意义已经被广泛认可，很多人还是严重反对仅仅通过内容来评判一部文学作品。其中著名的例子有马塞尔·普鲁斯特，他坚决反对他称之为“面对原始材料完全的被动状态”。自由意志越想发挥作用，现实主义越想批判性地看待普遍社会状况，就会越远离左拉式的自然主义倾向。[16]在绘画中，印象主义强调对光和运动的洞察，至少是在这一形式走向更加激进的、专注于理解运动和视角的共时性的立体主义之前。20世纪初的美国垃圾箱画派，尤其是画家约翰·斯隆、罗伯特·亨利、乔治·伯罗斯的作品，在诠释了许多印象主义倾向的同时，对于城市街道的激烈能量以及正如约翰·沃德所说，“对于一个格外俗艳甚至粗俗的社会与历史环境的表现”，仍保持相当明显的现实主义精神。[17]形成对比的是，之后的几十年里，爱德华·霍普等画家和沃克·埃文斯等摄影家尽管遵守现实主义的多数技术和基本哲学，却轻视甚至挑战了关于野蛮力量、噪声和运动的核心城市隐喻。取而代之的是那些并不移动或说话的人营造的几乎完全的寂静和静止。[18]不过，鉴于19世纪末、20世纪初机械力量被当代社会的组织、专业化、隔绝甚至异化取代，在这里仍旧能够观察到对环境的忠诚。

在福楼拜的早期尝试之后，詹姆斯·乔伊斯的作品同样实现了对当

下现实之转瞬即逝的捕捉。[19]在很多方面，他的作品中的内心独白代表
88 着这种"当下感"的制高点。同样地，欧内斯特·海明威对当下坚固特性的捕捉令人赞叹，尤其是在他的对话中。毫无疑问，语境中特殊的日常感不时地打断、暂缓、转移这些对话，而且对话大量依赖于交谈者之间非语言表达的内容。重复和不连贯的对白（都是日常对话的特点）也被有技巧地展现，用来传递一种即时并坚固的此在感。灵巧和媚俗反而会以（不真实的）得体的名义模糊或归置这种日常。[20]

艺术现实主义的哲学议题到20世纪30年代被抨击为政治左派——显而易见，这主要是由于大多数现实主义课题的社会批判内涵。例如，格奥尔格·卢卡奇的《论现实主义》表现了对正统现实主义文学作品鲜明的偏爱，包括奥诺雷·德·巴尔扎克、沃尔特·司各特、列夫·托尔斯泰等，他们的作品包含了现代生活困境的解决方案。[21]此外，对于卢卡奇来说，现实主义艺术的功能是使现实去实体化，从而揭露资本主义对于社会和文化的渗透，尤其是通过机器大生产、社会分工、个人的去个性化等过程。在1932年的经典论文《报告或描绘》中，卢卡奇强有力地提出，现实主义不仅是报道或记录。[22]相反，现实主义要求揭露深层的社会过程。简而言之，现实主义作品必须触及事件的表面之下，从而介入其抗争之中。它是一种形式的本质主义，要求到达社会和政治现象的根源。此外，现实主义要求背景环境和形式相符合。确实，卢卡奇批判一切形式或形式手法，因为形式会超越内容，并且作为对社会经济状况的总体反应被定义为先验的。与之相反，他推崇的艺术方法至少在两方面是辩证的。第一，尽管不否认准确描述事件和状况的必要性，他也强烈认为可以允许诗性和描绘感的存在。第二，相关内容应当始终是社会中上层
89 和下层阶级抗争的问题。[23]

在后来著名的卢卡奇—布莱希特辩论中，剧作家贝尔托·布莱希特强调对于一种民众现实主义的急迫需要。在1937年的《大众与现实主义》中，他写道："'大众的'和'现实主义'这两个词语天然形成对应。正是由于大众内在的兴趣……文学应当给予他们对生活的真实描述……并且为了使文学对人们有用，作品需要能够引发联想，并且明白

易懂。”[24]他和卢卡奇的不同主要集中在方法上。布莱希特赞同实验性方法以及基于纪实的艺术，而卢卡奇抨击厄尔温·皮斯卡托等现代主义者的作品，反过来寻找一种更广阔、更传统的叙事结构。布莱希特试图使艺术完全去神秘化，除去其所有幻觉，卢卡奇则更加尊重传统和经久不衰的表达规范的作用。到最后，布莱希特指责卢卡奇思想封闭，模仿早期现实主义风格；对此，卢卡奇反过来称布莱希特在描绘环境和思想之前就预先决定描绘的方式。[25]正如我们会看到的，表达方法和内容的差别一直是现实主义运动的核心议题。显然，对于卢卡奇是如此，对于布莱希特更是如此，外部世界如何被艺术处理决定了怎样评价它。对于他们而言，现实主义在于作品的两个方面的辩证关系之中。过多地强调媒介导致为艺术而艺术，而过多强调外在世界的对象导致教条主义的、工具画的和宣传性的艺术作品。完全现实主义的项目要求作品从两方面展现，但要谨慎地平衡对于两者的强调和两者的互动。这种评价标准，寻其根源，非常类似于之前提到的普特南的实用性现实主义观念：一种逼真，或现实的假装，在体裁和题材上都是如此。

西奥多·W. 阿多诺的立场和布莱希特类似，尽管他也把艺术看作通过社会中主体和客体的辩证而产生的社会性劳动。[26]根本而言，阿多诺认为任何一个时代只有一个用来表达社会的“历史意义上先进的素材”。这里他将音乐素材定义为社会历史的，由音调和音调安排组成，后者产生于作曲，也在历史进程中被其他作曲家修改。例如，阿多诺认为，20世纪早期关于历史音乐素材（例如调性）的社会历史运动开始走向艺术音乐作品的反面。因此，在《当代音乐的哲学》一书中，他严厉地指责兼收并蓄、应用了不同时代素材的伊戈尔·斯特拉文斯基，却支持阿诺尔德·勋伯格的无调性音乐，称之为作为当今时代的典型。[27]

90

不少人加入了这场争斗。例如，瓦尔特·本雅明在他1934年题为《作为生产者的作家》的论文中认为，艺术作品是通过生产的形式得以被制作，而不是通过它所描绘的对象，后者的意义在于保证进步的激进主义。[28]对于他而言，艺术不断开辟新天地至为关键。如同布莱希特，本雅明认为，至少在那个年代，对体裁而言最重要的是其逼真性。例如，史诗剧场的核心不是将观众带离到想象的世界，而是指导人们用资本和阶级的角度认识他们自己的世界。共产党1930年在巴黎文化宫组织的辩论也采取了类似的主题。[29]例如，路易·阿拉贡支持社会主义的现实主义立场，将其看作解放性的，适时作为世界范围内朝向社会正义的伴奏。勒·柯布西耶则相反，他支持抽象的、非具象的阵营，以便跟上当代材料、制造的技术等的步伐。费尔南·莱热概念化出第三种立场，力争一种直接起源于当代生活本身的新现实主义。正如社会现实主义的描绘，莱热号召“被解放的颜色和几何形式”，在这里艺术可以通过类推来模仿更广泛的当代社会中各种力量的角逐，而非制造日常生活的幻想。[30]对于他而言，新现实主义要在新的材料、电影等新的投射技术以及商店橱窗等新的公众展演形式所处的环境中实现。这一结合了现实主义的社会关怀和艺术先锋派的反思性担忧的尝试使得莱热更加近似布莱希特和两次世界大战之间以左翼为首对正统社会现实主义的批判。实际上，在20世纪20年代和30年代，政治左派阵营中出现了一次真正的分裂：马克思主义的现代主义者拥抱超现实主义、抽象主义等；而共产主义者拥护人民阵线，是行动导向的现实主义者，这一圈子当然包含布莱希特、本雅明，以及程度稍逊的莱热。

91

苏联毫无疑问是现实主义最直接地成为官方革命动力的地方。[31]在20世纪30年代的苏联，劳动的主题以及社会责任感和国家权力的观念比起任何艺术探索——例如对于艺术媒介极限的探索——都要明显。简而言之，苏维埃的社会主义现实主义迅速成了一个关于具象艺术和它当前与社会的关系的越来越教条的主义，与先锋派或现代艺术形成鲜明对照，甚至呈敌对关系。早在1928年，苏联境内的斯大林主义政策要求艺术对社会负有责任，尽管十月小组等群体试图开展改革。通过这样的方式，官方的意图是用英雄主义甚至是政治宣传来庆贺国家共产主义。艺术作品的内容因而成为真理的判断标准，这通常意味着说教式地刻画英勇的农业和工业劳动者，以及在很多案例中返回到19世纪的构图与主题。

这一时期涌现出的建筑中，莫斯科地铁站等公共作品清晰地体现了这些趋势。[32]例如，由A. I. 贡基维克和S. M. 克拉维茨设计、1934年至1935年修建的列宁图书馆车站，和其他的车站相比，它外表相当摩登，以追求功能性为主。这样的车站完全不含对于伟大苏维埃或国家资本主义的具象指涉，因而可以在几乎所有欧洲城市出现。同一时期由I. G. 塔拉诺夫和N. A. 贝科瓦设计的索科尔尼基车站的空间架构则更加辉煌，通过格子天花板和装饰性灯具（甚至铁轨上方都有）塑造出大礼堂式的存在。从内到外，枝形吊灯以及高贵的材料——石头和大理石——都得到大量使用。从20世纪30年代末期起，尤其在40年代和50年代，辉煌巨作和装饰性的具象项目大为增长，常常是充满戏剧性的。例如，1938年，V. A. 图卡提议建设伊来托萨克亚车站，在铁路层大厅安排了满满的大型雕像，用来展现苏维埃现实主义的主题。后来的项目，例如1951年P. D. 柯林设计的科末萨姆斯克亚车站也规模宏大，有着半球形的拱顶大厅和画满壁画的天花板，实现了几乎彻底的巴洛克样式。其他公共建筑，包括1936年由A. N. 达斯金设计的苏联电影学会剧院、1939年纽约世博会的苏联馆，展现了类似的趋势，尽管仍遗留严肃的新古典主义建筑传统。

92

其他现实主义流派在两次世界大战之间涌现，尤为突出的是在魏玛德国创立的“新客观主义”。这一流派的特点包括追求新的实事求是感、功能和形式的简单精神，以及对于新技术和材料的兴趣。新客观主义艺术，尤其是其左翼的真实主义，经常被看作对表现主义及其个人主义的反应，体现了一种强烈且广泛的社会关怀，以及对揭露隐藏的社会真理的责任感。[33]在格奥尔格·格罗兹和奥托·迪克斯等一派信徒的作品中，大城市中的社会边缘化和剥削的主题随处可见。对于他们而言，艺术远非中立的或无关政治的。相反，艺术必然是有偏见的，并要致力于解决社会冲突。他们的画作，尤其是在20世纪10年代晚期和20年代早期的作品，以及鲁道夫·席力特的作品，显然不符合任何自然主义意义上的真实，而是相当具有寓言和比喻风格的，显示出对于先锋派构图形象和极富特质的画刷和钢笔笔触的兴趣。例如，格罗兹创作于1918年的《弗里德里希大街》正是这一时期的清晰体现。后来，从大约1925年起，迪克斯和格罗兹的绘画技术变得更加客观；正如一些人观察到的，他们的艺术越接近现实主义，其社会批判和主题表现就越发率直。但是，不同于正统的社会主义现实主义，无论在主题上还是在描绘方法上，他们的作品都从来不是辩证的，也不那么乐观。

93

在建筑方面，新客观主义在若干魏玛最著名的建筑师的功能性现代主义作品中得到了朴素的体现。[34]恩斯特·麦，城市建设部门的主席，同时也是1925年至1930年间美茵河畔法兰克福最主要的建筑师，在规划并推广城市周围新兴卫星城社区时，刻意融合了理性建筑对于形式、功能、新材料的旨趣和花园城市的原则。[35]新客观主义之后成为一场社会政治实验首要因素，其目的在于建立一个更适合第一次世界大战后当代家庭构成以及房屋生产情况的新住宅文化。正如当时魏玛德国的大部分地方，麦的日程表上居首位的是通过回归基本和直接考虑功能需求与技术条件的表现现实主义以实现社会稳定。德国其他地方也在进行类似的努力，尤其是在布鲁诺·陶特、布鲁诺·阿伦茨、沃尔特·格罗皮乌斯、马丁·瓦格纳等人设计和规划的首都柏林。这一群建筑师，包括其他“环社”成员，也许不那么赞成新客观主义和全新的居住方式之间具有直接联系的观点。他们显然将理性的现代建筑表达等价于真理、诚实和真挚。简而言之，对他们而言这代表着当时的现实主义。[36]

回到两次大战之间的艺术，一种自觉的现实主义形式在20世纪20年代的墨西哥繁荣起来，一直持续到20世纪30年代，尤其是通过荷西·克莱门特·奥罗斯科、大卫·西凯罗斯，以及最为著名的油画家和壁画家迭戈·里维拉的作品。从年少时接受绘画训练开始，里维拉也欣然接受其国度的革命精神，先是作为无政府主义者，后来又成为共产主义者。[37]尽管一直走南闯北，他拒绝早期立体主义的影响，他的作品在绘画对象和技术方面迅速展现了他一直扎根于墨西哥。1921年他开始创作墨西哥大学国家精神病学学校的壁画。这是他创作的众多湿壁画中的第一幅。他后来还在国家宫殿创作了多幅湿壁画，描绘社会和爱国

94

主义题材。1930年，里维拉前往美国为圣弗朗西斯科股票交易大厦绘制壁画，创作了象征加利福尼亚的网球运动员海伦·穆迪肖像，这多少带

有些饱受争议的平民主义倾向。在1932年受底特律美术馆之托创作的《底特律工业》中，里维拉作品中非写实的寓言特点得到进一步的充分体现。这幅大型湿壁画忠实地刻画了当代生活中技术和工业劳动者的重要性——两者到这时都已经成为现实主义艺术标志性的题材。但画中也存在几处构图和叙事上的扭曲：例如，尽管所谓的电气时代已经普及、处处被歌颂，画中却没有电灯。机器无处不在，宛如巨大的阿兹特克人的神灵，经理和工人之间经常会有的冲突被轻描淡写地处理。作品传达的讯息远远超过了现实主义通常具有的对于阶级斗争和当代生活境遇的忧虑，而是暗示一种超越生命的、有可能会征服所有人的技术原始性。构图上，背景环境和前景人物的相对关系令人联想起之前库尔贝和米勒的作品。

纽约洛克菲勒中心集中体现了诸多两次大战之间美学领域的观念和特点。[38]这一建筑从1929年晚期开始建造，选址在曼哈顿中区第五大道和第六大道之间，南临西48街，北接西51街，最初设计为大都会歌剧院的驻地——但这一计划从未实现。小约翰·D. 洛克菲勒让托德和罗伯森·托德公司负责这一项目的开发，莱因哈德和霍夫迈斯特事务所被指派了建筑设计的工作，并由莫里斯、科贝特和雷蒙德·胡德担任顾问。尽管没有比大萧条前夕更加糟糕的时机了，但不同于早期剧场方案的是，这一项目的首要目的是商业和投机。确立了这块土地的所有者——哥伦比亚大学——在这个包含三个街区的地段的长期金融租约之后，托德开始致力于确保通用电气附属娱乐公司（RCA、NBC和RKO）成为主要的潜在租户。无线电城市的概念迅速出现，包含一批有能力在世界范围内进行转播的剧场、影院和摄影棚组成的建筑群。这一项目的国际主题进一步扩展，最终囊括大英帝国领事馆、法国领事馆、意大利领事馆和国际大厦。1931年3月规划正式公开时，公众回馈以惊愕和批评。有些人认为它狂妄自大、几乎完全缺失城市美德，令一些人批评它过于封闭隔绝。无论如何，建设都开始了，同时又在第六大道购置了更多所需空地，第一期在1933年完工。

95

最终建设起来的方案借鉴了不少之前剧院项目的设计提案，不过在根本上要归功于如今被称为建筑事务所的设计团体的天才和坚持不懈。项目的中心是70层高的RCA大厦，位于49街和50街之间，如同一块石板一样在下沉式广场之上矗立起来。广场招引上下两层的餐厅、零售商业卖场，并在项目第六大道末端容纳了一个主要的剧院建筑群，包括由爱德华·德雷尔·斯通设计的无线电城市音乐厅和洛克西剧院。沿着第六大道，出于对对面圣帕特里克大教堂的尊重，大英帝国领事馆和法国领事馆的高度只有地上四层，朝向广场的另一边各额外加一层。这两处建筑也只占据较为狭窄的一块地方——在RCA大厦的轴线上，被称为峡道花园——从第五大道向下沉式中心广场倾斜。不同于很多周围的城市建筑，大量建筑退后而显露的屋顶最初作为半公共的花园利用。拉尔夫·汉考克为第六大道上的建筑设计了这样的花园，还有位于RCA大厦11层的花园。在后来的建设阶段里——此时该项目被指称为洛克菲勒中心——第五大道沿街设立了建于1935年的意大利领事馆和国际大厦，后来又加上了1938年的规模极大的时代生活大厦、1939年的东方航空大厦，以及1940年的美国橡胶公司大厦。最初的设计提出建设跨越RCA建筑群之间街道的天桥，最终因为不实用而被抛弃。经受住了最初的批评风暴和建筑群环境的简陋，洛克菲勒中心大约在1938年成为一项成功的商业投资。不过，要到第二次世界大战之后的时代，它才开始享有如今纽约人和访客的赏识和喜爱。

回到之前的定义，自洛克菲勒中心项目创立以来，它的方案与形态一直在内容与表现方法上符合人们对美学现实主义工程的预期。易于想到的是，从历史的角度看，这并非开发商或建筑师的问题，但仍可以总结出几条主要原因。第一个原因是当代日常生活的主题明显地以具有前瞻性的形式被包含入内。的确，对高度抒情艺术的推崇已经被更加流行、普遍易得的艺术取代，正如美国无线电公司和雷电华电影公司的作品所呈现的那样。这一商业项目本身不仅仅是便利性与易得性的巨大突破，洛克菲勒中心也成为一种象征，正如评论家克莱姆所描述的："对时代过于忠实的反映……而且是民主大众的自作主张。"[39]可以肯定的是，这样的社会环境并不属于农民或者无产阶级，但它的确迎合了上班族、中产阶级，以及公民社会的其他组成部分，包括媒体甚至园艺社团。正如我们看到的，在20世纪末的巴黎，随着社会结构的演进，现实主义艺术很快扩展到中产阶级的主题。当然，洛克菲勒中心缺少真实主义或现实主义的关键部分，尽管它的一个鲜明特点是真正的公民性，尤其通过允许公开访问的地域得以体现。在这方面它甚至可以被称为是说教的，以一种类似社会主义现实主义工程和其偏爱环境类似的方式构建公民感情。

第二个原因与美学现实主义的巧合或许更加明显，它体现在洛克菲勒中心内部的艺术与装饰方案层面。[40]例如，位于第五大道的入口是由勒内·张伯伦、保罗·杰尼韦恩和阿尔弗雷德·雅尼奥参考纹章和旋涡设计的，在其特定国家体系之下，描绘了社会发展的象征和场景。李·劳里于1936年制作的雕塑《地图册》矗立在国际大厦前院，在内容和形式上都体现了具有英雄色彩的人文主义。在建筑群的入口，保罗·曼希普于1934年制作的蔓延扩展的金色雕塑《普罗米修斯》，作为周围地基的一部分，延续了几乎同样的主题。事实上，托德和胡德两人都希望能有一个围绕连贯一致的主题的装饰项目，营造出梵蒂冈和凡尔赛宫的感觉。哲学家哈特利·亚历山大被委托设计了“建筑之人”的主题。后来这个主题被项目管理者修改为“全新的疆界，文明的进军”。紧接着，在室内壁画上，这个主题演变为各种各样不同的版本。RCA大厦的大厅与电梯的后墙上演了一场不太激烈的竞争。在所有被邀请参与竞标的画家中，亨利·马蒂斯和巴勃罗·毕加索拒绝了邀请，最终迭戈·里维拉获得了绘制入口处大型墙面的资格，何塞·玛丽亚·塞尔特与弗兰克·布朗温负责边廊。临近竣工时，里维拉题为《在十字路口的人》的壁画引起了项目团队甚至洛克菲勒本人的质疑，尤其是由于该壁画描绘了社会主义国家背景下的列宁形象。[41]1934年2月，里维拉的工作大体上停止了，这幅壁画也被毁坏，后来被一幅更加平淡的赛特作品所取代。故事没有就此结束，里维拉修复了这幅“被谋杀的壁画”，并将其置于墨西哥城艺术宫，只是这一次他在画里加上了洛克菲勒在放荡的夜总会里面的情景。[42]洛克菲勒中心里的其他艺术作品还有埃兹拉·温

97

特位于无线电城市音乐厅的泡沫壁画《青春之泉》、卡尔·米勒斯位于时代生活大厦前厅的一幅大型木刻壁画《人与自然》，以及1938年由野
98 口勇制作、位于美联社大厦入口上方的一块华丽牌匾。

最后一点，这一建筑群的大部分建筑都是直率且真挚的，其风格适合一个现实主义项目。石灰岩和玻璃覆盖的塔楼直白、现代、毫无拘束。的确，这样的风格在那个时代并不流行。尤其是RCA大厦，狭窄的立面面向第五大道，侧面如同悬崖，似乎是从地面上出拳直击天空——如此这般以至于爱丽丝·托克拉斯被打动，向格特鲁德·斯泰因评论道："这不是它们通向天空的方法，但是它们从地面上出现的方式，就该如此。"[43]胡德为RCA大厦选择了巨石板的形式，意在夸张地表达曼哈顿新式摩天大厦的压倒性规模，而这一空间特点迅速成为该岛的同义词，代替了从前紧贴地表的建筑特色。拒绝遵守洛克菲勒等人重新考虑对称塔楼的要求，胡德感到石板形式更具功能性，和用一层层石面建成建筑的观念更加一致。建筑直率的方块感也强烈表达了干练的商业态度，和中心的商业项目以及面对大萧条过后美国现状新的乐观精神步调一致。

新现实主义与罗马的战后发展

诺克林在她关于现实主义的著作中尖锐地观察到一处直接的相似性：一方面是19世纪末期威廉·莫里斯、奥古斯特·普金和约翰·罗斯金对中世纪建筑的呼吁；另一方面是更晚近的对于民间风格、参与式的城市规划和建设路径的寻求，从而重建文化、居所和个人之间的亲密关系。[44]对普金和罗斯金而言，基督教美德、共同的生活方式和合适的建筑表达之间可以存在有机的、毫无隔阂的联合，其典型就是中世纪的英格
100 兰。这种联合，凭借真理光环和足够的道德力量，可以抵抗当时占优势的工业革命带来的异化力量。如同晚近对民间风格的追求，他们的做法也是利用人们所熟悉且容易相信的共同知识，（至少从修辞意义上）尝试抵消一种现实。总之，这是一种对于逼真的传统和民众基础的呼吁，一种基于具象建筑手段的劝说逻辑，因而很容易被辨认并使人们乐意接

受。这样一来，这是一种和后来的现代主义者的现实观念形成鲜明对照的建造方式，其中建筑本身之外（主要是技术中）的元素普遍被用于描绘表现的对象。[45]

第二次世界大战结束后不久，意大利迎来了新现实主义的时代，大众基础深厚的逼真追求全面影响建筑和其他艺术形式，包括许多很快被尊为杰作的电影。[46]例如，罗伯托·罗西里尼于1945年导演的《罗马，不设防的城市》、1946年的《战火》，以及维托里奥·德·西卡1948年的作品《偷自行车的人》，它们为体验的真实表达和图像的直率树立了新的标准。阿尔贝托·莫拉维亚和乔治·巴萨尼在文学上取得了类似的成就，以戏剧的形式刻画了下层阶级生存抗争通常面临的悲剧。在绘画上，意大利现实主义可以追溯到第二次世界大战之前。在雷纳托·古图索生动的画布上，劳动阶级英雄这一主题一直持续到20世纪40年代后期。实际上，战后他在罗马的马加塔街的工作室是现实主义者和正在兴起的抽象主义者之间艺术和政治辩论的中心。归功于和里维拉的相识（他在巴黎度过了一段时光），古图索作品中碎片化的城市和乡村幻想经常体现出立体主义的影响。摄影师阿尔贝托·拉陶达在1940年地下出版的《方形之眼》一书中，捕捉了肮脏的廉价公寓的赤裸几何、南方农业的剥削、北方工业城市荒凉的外围，显然是后来新现实主义议题的先驱。他的摄影和沃克·埃文斯、多萝西·朗日等美国大萧条时期摄影家的联系也很明显。费德里科·帕特拉尼的《西西里》和题名为《卡尔博尼亚的戏剧》的煤矿系列作品具有同样的即时、引发痛苦、纹理丰富的特质，正如罗西里尼、德·西卡或卢奇诺·维斯孔蒂电影中的场景。后来被冠以狗仔队之名的摄影新闻因为其务实、直言不讳的风格和对瞬间片刻的捕捉而引人注目。同时，摄影图像成为当代意大利生活的典型体现。例如，马里奥·德·比亚奇1953年的作品《意大利人的回首》描绘了街上一个高挑优美的妇人朝向一个男人走去，以性别的紧张关系和战后社会习俗生动地传达了一种“意大利感”，近乎是身份和刻板印象的生产。同时，在建筑领域，新现实主义也被认为是认同战后卷席意大利的群众运动和创造熟悉寻常的居住环境这两者的合适方式。

101

甚至在战争结束之前的意大利，就有一场群众运动拉开帷幕：跨区域移民。到1960年，整个人口中已经有超过25%的人收拾行囊搬离故乡，通常是前往和他们原本的文化环境迥异的地方。从南方迁往北方工业城市的移民潮，亦被称为南方人，不仅是卢奇诺·维斯孔蒂的《洛可兄弟》等电影的题材，也是这场人间戏剧的首要方向。[47]位于中部省份拉齐奥的国家首都罗马也目睹了大量移民涌入，有的来自附近地区，也有的来自更为贫穷的翁布里亚、马尔凯、阿布鲁佐等省份。在大约十年的时间里，涌入的移民激增到大约5 000万人。罗马的人口，1936年是1 155 722人，1951年上涨到1 651 754人，到1960年居民超过200万人。[48]移民潮流的原因在于经济发展和发展过程中严重的地区不均衡。1943年，在战争结束之时意大利除了主要城市之外很多地方都没发生什么变化，还保持着意大利统一时代以来的样子。它仍然是一个农民的国度，尤其是在南方，之后的一段时间里依旧如此。但是，在短短40年里，意大利改头换面，变成世界上第五大经济体。意大利的人均收入在1945年远远落后于北欧，到1970年则大体追上了英国，生活物质条件也相应得到了改善。例如，汽车持有率从1950年的约每36.5户一辆增长到1964年的约每3.1户一辆。[49]冰箱、洗衣机和电视等家用电器的持有量也显示出惊人的增长。

102

人口学上，战后意大利家庭结构也明显有所改变，不过家庭对社会的主导仍持续了一段时间。[50]总体上，家庭的平均规模从1951年的每户4人减少到1970年的3.3人。至少，在罗马这样的地方，朝向更小的核心家庭的发展趋势出现了，单人户和几代同堂家庭的数量则在降低。第二次世界大战后的头25年里，传统核心家庭占人口的比例仍然很高，大约为55%。比以往更多的意大利女人成为家庭主妇，尤其是和其他发达工业国家相比，中产阶级（家庭）的主导地位在增强，导向一种主要基于基督教虔诚、仁爱、团结美德的家庭主义，并强调公民社会中家庭的重要性。在一些地方，保卫家庭的压力使整合论的观念深入人心，这一观念认为公民社会的所有机构都应当被改造为家庭的样子，从而反映基督教价值观。[51]总的来说，这些社会潮流，尤其是在20世纪50年代，导致社区精神胜过个人主义，在一些批判者看来，其实质效应还包括有效地抑制了集体化的其他现代形式的生长。

事后看来，1943年开始运作的共和制政府继承了许多从前政权的特点和弱点，包括1860年至1922年的自由国家和1922年至1943年的法西斯政府。[52]总的来讲，政府决策高度中央集权，压制地方利益。国家广泛参与经济，官僚制在所有政府机构的活动中迅速发展。统治精英通 103 过庇护主义和民众发生关系。这些做法在南方尤其多见，但也延伸到整个半岛，正如很多意大利人最近在肃贪行动的背景下了解到的。对于政府的这些方面，战后的共和国带来了普选权，一套复杂且具有高度代表性的民主政党制——至少在最近的塞尼修正案之前——以及正如我们看到的迅猛的社会经济增长与变革。公民社会的权利，包括结社、出版、言论的自由，也得以广泛扩张，尤其是和压抑性的法西斯时代相比。鉴于机构死板和灵活形成强烈反差，多种政治机构的混合体（包括INPS和INAM等独立机构，能源联合企业ENI等企业的公共部门，以及地方政府）成为调节国家和公民社会之间关系的中介。在很多情况下，这些实体都是资源大门的掌控者，是影响公共和私人生活两方面的类国家机器。

战后的政治被右翼联盟以不同程度成功地控制，这一联盟总是包括基督教民主党。[53]在1945年12月到1953年7月之间，阿尔契德·德·加斯贝利是部长理事会主席（也就是总理）。在1948年的宪法公决中，在他的帮助下，右翼历时性地实现了与帕尔米罗·陶里亚蒂为首的共产党领导的政治左翼的妥协。政党图谱中分歧巨大，派系主义猖獗。但是，无论观点如何变化，权力的基础仍大体不变。放任自由政策大行其道，尤其是在发展问题上，经济繁荣——官方定位于1956年至1963年之间——实际上在新《宪法》生效之后不久就已开始。由于地方强制执行的力量缺乏，唯一留存的、可以上溯到1942年的城市规划法规（《土地管理详细规划》）很快就失效了。在1952年中期的罗马，杰出的建筑师萨维里奥·穆拉托里、卢多维科·夸罗尼、马里奥·里多尔菲和马 104 里奥·德·伦齐等知识分子开始宣传一种新的规划方案。[54]但是，要到

1962年，这一方案才被用于更广泛的市政当局。显然，在当时的意大利，一种广泛的政治学说认为政党为必要的恶，代表了现代经济中过时的过程。其他可能更为人知的观点认为两方面互相依赖，都并非完全负面，这显然是鉴于意大利生活中极大的变化和改革确实得到了实现。

20世纪40年代末期、50年代初期出现在政治舞台上的一个重要人物是阿明托雷·范范尼，曾在1954年短暂地担任总理。[55]作为一个和法西斯历史有政治关联的充满活力的大学教授，范范尼赞同改良主义中拥护传统基督教社会理论的一支。他一度属于多塞蒂的基督教民主党派系，这一派系宣扬在一个急速变化的社会保护基督教价值观的迫切性。团结主义的意识形态正如其名，倡导慈善、社团主义、国家对家庭的保护和对弱者与穷人的责任。这一立场在基督教民主党内引发了激烈辩论，尤其是和更加强调个人主义的放任自由学派产生分歧。自由派支持不受约束的技术发展、消费资本主义、市场经济力量的自由角逐。实际上，20世纪40年代晚期和50年代，基督教民主党一直在努力平衡资本家、城市中产阶级和农村地主的利益。借助意大利工业家联合会，工业资本家享有相当大的政府影响。尽管如此，1950年范范尼的党内主导得到了各个派别的支持，因为他既呼吁向基督教文化根源的回归，也提供了通过国家全面干预建立新型政党——尽管是在旧有的线路上——的光明前途。1949年，失业率疯长，近220万劳动者被波及。建设行业被号召来

105 解决这个问题，同时帮助过度拥挤的罗马和北方城市解决住房需求。由此带来的结果是，经范范尼提议，由阿纳尔多·弗士尼主持的全国住房研究所成立，并在之后的十年里负责建设了110 953户住宅，也就是罗马在1949年至1959年间所建住宅的8%。[56]作为一次公共与私人部门联合的尝试，该机构约三分之二的资金来自一种特殊的工资税，雇员税率0.6%，顾主税率1.2%，此外还有政府间银行抵押贷款融资和慈善机构捐助。另外三分之一的资金由国家提供。[57]也许不幸的是，在住房发展规划的领域，全国住房研究所是唯一合格的公共或类公共干预尝试。但是显然，从《提供更多就业机会，加速劳工住房建设》这个题目就能看出，范范尼的计划是遏制失业，附带着推动小规模企业进入住房建设领域，

通过使住房公司使用前工业化水平的技术，扩大失业的积极收益。[58]

战后罗马的城市发展在郊区迅速开始，接手了法西斯时期城市发展的遗存。因为历史城区和内城区少有空间来开展实用性的扩张，这也是一条寻求最小抵抗的道路。1932年到1940年之间，罗马经历了大规模的拆迁，主要是为墨索里尼的帝国城市计划开辟空间。[59]例如，在派森蒂尼的计划中，紧邻梵蒂冈、破旧但仍然重要的博尔戈皮社区完全被摧毁，居民大部分移居到城市外围。因为罗马历史核心区域的这次重建而兴起的外围建设于是以"博格特"之名而为人所知。这一术语第一次官方使用是在阿西里亚（一个距离罗马15千米的贫穷地区）的住房建设。[60]事实上，正如这个术语所暗示的，尽管博格特一词词源是borgo（村），它指代一种从服务和非居住性功能上来说部分的城市化，和成熟的街区相比而言这种城市化并不完整。他们实际上是被人为建起来的区域，不与任何别的地方产生联系，无法享受作为城市或乡村的好处。许多新居民被军队大巴送到这些环境如营房的地方，这些大巴显然来自驻扎在附近的军事基地。实际上，正如罗西里尼在《罗马，不设防的城市》中描述的那样，博格特成了"垃圾场"，用来处理那些制造麻烦的反法西斯人士。[61]即使在1931年罗马计划执行之前，三处博格特已经分别在圣巴西里奥、普莱内斯忒和戈尔迪安建立。在1935年到1940年之间和后来的许多年里，前谷（接纳了从博尔戈皮来的很多人）、特鲁罗、蒂布蒂诺公园（罗西里尼电影的主题）、托马朗奇奥和卡提奇奥罗也建立起来。在这些后续项目中，有好几处的建筑质量在透光透气性、社区空间等方面有了很大的提升。一段时间之后，道路得到了铺设，公共交通改善了社区的隔离状态。但是，到1951年，罗马的住房局面迎来危机，近7%的人住在地下室、地下通道和棚屋，并有22%的人生活在过于拥挤的地方。[62]

106

全国住房研究所最初有三个设在罗马的项目，分别是蒂布蒂诺街区、瓦柯圣保罗街区和图斯克拉诺街区。1950年起，三者迅速成为关于新现实主义在意大利战后建筑恢复中的角色的讨论和争辩焦点。[63]蒂布蒂诺街区靠近向东延伸到阿德亚蒂克的同名罗马老街，坐落于距市中心5千米开外的罗马边缘。负责这项规划的设计组由马里奥・里多尔菲和卢多维科·夸罗尼领头，还包括卡罗·艾莫尼诺、凯撒·奇亚尼和马里奥·菲奥伦蒂，被称为有机建筑协会。项目选址在一片面积8.8公顷、形状规则的土地上，这块土地从东北向主干道倾斜，坡度很大。最终建成的771个住宅容纳了4 000位居民，主要是三至五层高的联排房屋，还有几座七层高的住宅。[64]有机布局的道路构造出七个住宅小区，并且在必要的时候根据地形调整。在设计师看来，城市空间组织的总体效果能够符合主要从罗马附近的农村地区和南部搬来的未来居民的心理。这一点类似于是一个普金式、罗斯金式的对共同知识和熟悉感的呼吁，尽管建筑师们可能没有这么想。抑或正如夸罗尼指出："创造一座城市时，实际上我们在制造一个村庄。"[65]的确，一系列的建筑特点，包括倾斜的瓦片屋顶、粉饰灰泥的墙面、百叶窗，造就了蒂布蒂诺项目特殊的风景，勾起人们回忆旧时的农村市镇。排列在小区里的住宅也各式各样，成排房屋的排列并不规则，高度也不尽相同，旁边还有一片高层和小型别墅建筑群。所有地面层的住宅都配备了私人花园，层数更高的享有宽阔的阳台。通常来讲，道路边缘有围墙，每个小区都有铺砖的入口庭院和公共花园。尽管小区的几何形态相当普通，有机、不规则的特性刚出现在房屋的排列里。这一特性，反过来意在营造一种递增的、不连续的发展过程的印象，也令人想起罗马中产阶级的宅邸。这一建筑群中也体现出新现实主义、范范尼的保守主义及其他基督教民主党关于家庭生活观点的融合。不过奇怪的是，设计组成员和意大利政治左派的联系更加紧密。[66]

总体上，当时隐含于蒂布蒂诺的新现实主义建筑以及夸罗尼的罗马学派的，是知识分子和意大利抵抗运动中英勇的群众运动的碰撞。具体而言，这次碰撞——或更准确说，知识分子接受一种新的角色——通过拥护公众体验的语言和行动，推翻了之前基于抽象思辨和国际主义的建筑。简而言之，它是战后意大利建筑从农民生活中的纯洁、活力和人性（也就是现实主义）中寻找新的开始。[67]由于这一寻找缺乏实例，里多尔菲等人开始细致研究地方建设文件。里多尔菲1946年的《建筑手册》展现了他所说的"最少的技术"，这样的技术能够适合于地方性建设，或至少地方性解读，从而讽刺了麦的《美茵河畔法兰克福的建筑标准》。[68]基于地形的不同，这些关于建筑物和建设细节的研究也是基于地区的，并且明确地在讨论中引入地方传统和手工匠人的思想。自始至终，地方体验的价值被尊崇为解决一种被广泛且强烈地感知到的异化问题的灵药，这一问题部分来源于国际性的建筑现代主义之手。这仍然是一个类似于19世纪末普金和罗斯金的反应。更近一些，它也依靠早期法西斯时期和之前的作品中提供的动力，关注"花园城市原则"，随之出现的兼收并蓄观念，以及如画的，甚至浪漫的建筑。例如，1920年到1930年的加尔贝特拉被称为博格特花园。最初由花园城市运动倡导者居斯塔夫·乔万尼尼规划，由建筑师伊诺桑佐·萨巴蒂尼完成，这一项目和蒂布蒂诺在形式上有诸多相似之处。

当然，里多尔菲和那一时期夸罗尼坚定的新现实主义姿态也遭受到不少攻击。例如，伊热尼奥·狄欧塔列弗和弗朗柯·马雷斯科蒂在1948年的《住宅建设和经济的社会问题》一书中就对其进行强烈批判，反过来推崇激进的理性手法，明确要求回到战前新客观主义的取向。[69]萨维里奥·穆拉托里和他的同伴马里奥·德·伦齐在瓦柯圣保罗街区的建筑项目在外表上也明显是理性的，尽管新现实主义显然体现在它的诸多装饰图案和美学鉴赏风格上。瓦柯圣保罗是一个相对较小的住房项目，占据罗马南部5公顷相对平坦的土地，靠近台伯河东岸欧元区的战前所在地。这里建成了容纳2 500名居民的大约400套住宅，像蒂布蒂诺一样，包括三至五层联排房屋和一些八层高楼。[70]街道和小区的排列是理性的，几乎如网格般。尽管总体上建筑布局比较优美，但它缺乏蒂布蒂诺刻意的有机性。例如，一个小区中包含四排平行的、有着宽敞后院的联排房屋，但规划中没法看出对各个住宅内部的特别计划。这一方案的计划性特点在中心的开放式空间得到体现。这是一个长方形、植满绿树的广场，从西向东延伸，北面有两排商店和服务设施。不同于之前的博格特，蒂布蒂诺和瓦柯圣保罗是由外界设计、提供良好服务的社区。瓦柯圣保罗建筑的新现实主义式样令人印象深刻，倾斜的屋顶、烟囱、阳台、百叶窗和入户门廊都被紧密织入理性的现代建筑语言。这在理念来

109

源和后续影响上显然都是现实主义的，尽管缺少对民间风格的模仿。

意大利新现实主义建筑中因而出现了针锋相对的两种立场，一边是夸罗尼的、里多尔菲以及他们的团队，另一边是穆拉托里、德·伦齐及其追随者。前者主张广泛采用地方性语言和对有机性的感知，后者更加特点鲜明，强调理性。差不多和瓦柯圣保罗项目同时，穆拉托里和德·伦齐以及L. 康贝洛提、G. 皮鲁吉尼和L. 瓦涅提合作，在罗马的图斯克拉诺街区规划了全国住房研究所最大的项目，拓展在瓦柯圣保罗开始的主题。[71]杰出的战前理性主义建筑师阿达尔韦托·利贝拉也为这一方案增添一个不同寻常的庭院建筑群，显然受到他不久前北非旅行的影响。总体上，这一项目遵循罗马1931年规划方案和更近的1949年地方规划。两部规划书都在该地中心安排了类似于夸德拉罗街、卡塔吉娜街的明确的轴线，大致呈南北向，从图斯克拉诺街向赛里南特街延伸。这块面积超过35公顷的土地位于罗马东南，靠近阿庇亚新路和区间铁轨。该项目兴建大约3 350栋住宅，为19 000人提供住房。[72]总体上，除了利贝拉在赛里南特街西南边负责的一小片地，其他区域被分成四块。不过，更准确的描述应当说，这一方案是轴线和两侧肋骨般的平行建筑组成，东边结束于夸德拉罗街的高楼街区，西边结束于卡塔吉娜街。仍旧是以三至五层联排房屋为主，街区内形成了更迷你的小区。多少带有理性色彩的房屋排列——被当时瑞典模式所影响——继续了在瓦柯圣保罗的实践，尽管正如已经被注意到的，这种对称和条理化的规划形式最初来自1931年的规划方案。[73]中心轴线的规划引发了值得关注的空间后果，从植满绿树的公园开始，到利贝拉设计的抛物线形的钢丝网水泥入口，接下来是长长一串联排房屋的围墙，折向外部，以便形成较大的花园，结束于穆拉托里的V形六层石板公寓楼，面向图斯克拉诺街前面铺砖的广场。

110

再一次地，我们不难发现建筑群中传统的民间风格和现代理性主义的冲突。穆拉托里的V形公寓楼延伸出一个立刻让人感到熟悉、常见，宛如传统市镇广场的城市空间，同时作为公交站和服务于一般目的的公共场所，又具有现代感和功能性。公寓楼的建筑样式首先体现了垂直混凝土柱和水平石板组合起来的框架，侧面则使用了托夫石，并搭建了倾斜的三角墙和多个乡村式的烟囱。混凝土立面框架上的镶嵌板装饰也采用了当地村庄的样式，使用托夫石空隙填料，以及百叶窗和传统阳台。 111 很明显的是，现代风格和民间特色带来一种双重解读。类似地，在利贝拉非同寻常的并非罗马式的庭院住房方案中，新旧材料和建设方法得以结合，制造出一种历史悠久但又紧跟时代的效果。厚实的乡村土墙似乎暗示着附近的古罗马水渠废墟，同时单层庭院住宅使用了轻薄加强的混凝土屋顶。大门和入口细节以及高悬的屋顶三角墙也带来了熟悉感和传统的氛围，附近社区公园的布置和植物亦然。同时，这一建筑群巨大的抛物线拱形入口在其位置和作用上显然也是传统的，但在其特殊形式和材料上高度体现了现代技术。这片区域总体构图多少是传统意大利小镇的缩影，尽管其布局也具备现代特点和功能性。回顾历史，在图斯克拉诺和其他地方，使意大利建筑在战后振作起来的新现实主义潮流已经开始减弱，尽管这几处建筑规划也对其进行了积极的转化。

20世纪50年代中期，全国住房研究所加入了政府瓦诺尼计划的第二阶段，这一计划继续强调创造就业。[74]那时住房行业处于繁荣时期，每年预计建造大约50万套住宅，也就是每1 000人9.8套住房的高比率。建筑行业在总体上以每年12%的增长率快速扩张——相比之下，工业整体大约只有8%的增长率——并雇用了30%的劳动力。[75]不幸的是，市政官员和建筑投机者的共谋导致了“罗马陷落”事件。几乎到处都是盲目建设、质量大多很差的公寓，以至于到1970年，罗马大约六处住宅中就有一处不符合当地法规。对全国住房研究所的额外法律规定也使得住房建设活动通过提供信用和其他特殊金融安排进一步转向小型私人企业。同时，在建筑圈，夸罗尼开始批判自己之前的建筑尝试，抛弃了他所说的“邻舍的诗学”，转向更加形式主义的道路。[76]这实质上结束了新 112 现实主义在意大利建筑中的显赫地位。1963年，全国住房研究所被劳动者住宅管理局取代，后者迅速因为其委托人式的经营方式而变得声名狼藉。

对蒂布蒂诺、图斯克拉诺和瓦柯圣保罗的批判尤其集中在三个问题上，这类批判大多来自政治左派。第一，这些规划主要位于罗马边缘的独立社区，因此被认为助长了疯长的地产投机。毫无疑问，这一观点有一定道理，但是范范尼和他的同僚实际上反对作为一种政治信条的个人主义极端形式。此外，第二次世界大战前后在欧洲其他地方（例如美茵河畔法兰克福）的类似建设实践正是依赖于卫星城社区来控制外向扩张和投机。第二，至少塔夫里认为，刻意融合公共就业政策和主张地方风格、大众主义、工匠传统方向的新现实主义美学倾向的后果是低技术的阴谋，使得建筑远离发达工业化和高科技。[77]创造就业的目的和技术含量低的事实显然是存在的，而且与大萧条时期诸多美国住房政策的倾向十分相仿。但是，事后看来，除非边际效用和边际收益急剧降低，否则住房建设并不会那么迅速地迎来工业化。实际上，劳动和材料的有效组织方面已经实现了重要的进步，而这尤其是因为采用灵活、技术含量较低的建设方式。此外，在欧洲的其他地方，后来的大工业生产住宅的尝试证明这样做只能导致混乱。第三，批评者称蒂布蒂诺、图斯克拉诺或瓦柯圣保罗的生活环境并没有什么新鲜之处。[78]这仍旧有些道理，不过利贝拉在图斯克拉诺的庭院住宅显然是非同寻常，尽管其并非全新。更广泛地来看，住宅创新（正如许多事情的创新）在社会层面的影响利弊兼具。新现实主义的部分吸引力正相反：它寻找熟悉的、传统的居住环境。

113

最后，一种通行说法认为，新现实主义，尤其是在意大利的背景之下，其自身含有某种革命性的新事物，并能经得起重新检验。正如彼得·邦德奈拉指出，电影中的新现实主义并不是崭新的东西，也并非原创现象。确实，对于他而言，“法西斯主义之下的意大利电影文化是丰富、多面的，为战后电影创作提供了巨大的启发和动力”。[79]法西斯时代结束之时，在电影行业，一批受过良好训练的专业人员、完备的制片设施以及大众娱乐而非宣传的导向已经存在。正是维托里奥·墨索里尼本人参与了法西斯时期的电影工业，他坚持场景的真实性，追求来自日常生活的场景，体现出总体上对于银幕现实主义的寻求。正如我们看到的，在摄影和其他视觉艺术中，现实主义手法自第二次世界大战之前一段时间就已经开始存在，尽管在建筑上，新现实主义，至少在罗马学派的意义上，本质上是一个战后的现象。虽然战前和战后的理性主义有相似之处，具象表达的手法在法西斯和共和国时代同样被运用，但是建筑新现实主义仍然通过对于借鉴地方风格、有机构图、联系大众的追求而展示了其特殊性。显然，新现实主义创造性活力与社会改革、繁荣道路的融合是一次和过去的决裂，这一现象必然影响深远。

以一位著名的艺术家和知识分子为例，皮埃尔·保罗·帕索里尼后来在《寄生虫》和《罗马妈妈》等电影作品以及《男孩的生活》和《暴力人生》等文学作品中延续了一些类似的主调。对于帕索里尼而言，现实主义是他攻击和批评所谓的资产阶级“虚假的自由”和“虚假的容忍”的手段。[80]他有效地通过露骨的性描写来挑战社会规范。他赞颂博格特生活，认为这是一种基于直觉而非接受、服从传统的替代性生活方式。114 在帕索里尼看来，博格特性是真实存在的，而且它的本质存在于由经济奇迹、幸福生活、中产阶级的政治尝试和无产阶级的滑稽举止组成的当代历史之外。同时，作为一个现实主义艺术家，他强烈反对仅仅通过所传达的社会讯息解读艺术作品；与之相反，风格是重要的。实际上，帕索里尼既不支持为艺术而艺术，也不支持为政治而艺术。[81]

建筑现实主义的平民主义分支也在其他地方出现。例如，在英国，戈登·卡伦的《城市景观》和相关的图像法则被运用到战后不久席卷全国的新市镇运动。[82]除了特定的形象显然引用自传统的城市风景，一种“事物的民主”原则被贯彻到中低收入人群的房产建设中，其目的类似于意大利的新现实主义。后来，在20世纪60年代末和70年代的尝试也是类似的逻辑，它利用当代流行的建筑师罗伯特·文图里等人创造的美国建筑场景的真实感，尽管也许有着更多的讽刺意味，少有真正的民主动机。不那么明显追求平民主义和民间风格（类似于穆拉托里和利贝拉的图斯克拉诺建筑群）的新理性主义者，仍旧在意大利通过自主的建筑形式，回归有着历史感和来自过去的连续性的现实主义。对于阿尔多·罗西和其他坦丹萨学派的成员，建筑应当是其自身的代表。他们并不强调平民主义的内容，而是通过修辞的努力达到基于体裁的逻辑与建筑问题本身交会而实现的逼真。

建筑现实主义的定义

目前为止，在准确说明什么可以或应该是建筑现实主义的表现这一问题上，我们遇到的困难是明显的。正如我们看到的，任何形式的现实主义都不容易给自身下一个准确的定义。尽管特殊的环境总是带来决定性的影响，幸运的是，总有一些特定的原则或特征是被遵循的。现实主义的关键是对日常生活寻根究底的关注，同时也包括对发展其自身表达媒介的兴趣。再次借用修辞学的词汇，现实主义不仅要求“题材的逼真性”，还要求“体裁的逼真性”。正如我们发现的，现实主义并不是一个表面或外观相像的问题。它亦不等同于自然主义，甚至当它的媒介运用上显得多少有些抽象的时候，也不会在现代主义中寻找整体性追求或是主观性。反之，一个作品的“现时”与“何物”必定要涉及某种抽离，甚至产生重要的距离。然而，上文的论述仍然遗留了很大的阐释空间，定义背后的一些概念仍需要进一步明晰。

116

对日常生活寻根究底的关注——或称题材的逼真性——立刻意味着相互区别又有联系的两个问题。首先，“日常生活”是由什么组成的？其次，“寻根究底的关注”是指什么？日常生活的定义，正如我们之前看到的，包含应该容纳何种场景、何种人物，以及何种环境的意识形态问题。显然，题材必须泛化，或一定程度上是社会关注的普遍集合。艺术中的阶级斗争或是类似的建筑中关于居住方式的理解是比较恰当的例子。现实主义项目的内容不应该是具有个人特异性的：群众住宅应该被囊括进来，但私人宅邸或许就不太适合。这种题材，或称内容，同样也应该对当时的普遍环境有代表性，而不应怀旧地徜徉于过往，或太具有未来感，鼓吹在当前不太现实的事业。在这种限制下，洛克菲勒中心显然符合现实主义项目的标准，尤其考虑到当时美国的劳动力构成中，办公室职员正在取代传统工人阶级。日常生活与现实主义项目的融汇也必须是寻常的，让所有人或者至少大部分人都可以理解，并且完美契合人们的共享经验。不过这一特性不应排除仪式的存在。更确切地说，这是一种特殊的寻常性，而不是全面涵盖的寻常性。建筑学上，新现实主义住宅中体现出的“寻常性”，例如入口庭院、传统的百叶窗阳台等惯例的取用，就是一种选择的结果。 117

现实主义中“寻根究底的关注”的观念等同于左翼真实主义的社会政治批判，以及正如我们所注意到的，社会主义现实主义中关于阶级斗争的阐述。正如卢卡奇和布莱希特所提醒的，这并不是为批判而批判，而是尝试揭露潜在的社会过程，尤其是那些有可能对某些人群造成压迫的过程。籍里柯与库尔贝虽然表达的角度不同，但或许都会同意这个观点。呈现创造世界的不同方式亦可以成为批判的立场，正如我们在较优秀的社会主义现实主义中看到的，并且也更接近建筑对受众带来的影响。在下一章中我们将要详细讨论纽约中央公园，这一项目清楚认知但又特意超越了纽约人口的分异和潜在的社会冲突。中央公园的大获成功，恰恰是因为它可以一视同仁地接纳任何人。此外，对日常生活“寻根究底的关注”同样意味着两点：诚心诚意地展望未来，并且不将任何事情视作理所当然。同样地，这种感悟很难直接表达到建筑中。不过，以一项住房方案的设计为例，设计师对于城市暴力可能性这一事实有着清晰认知，但还是提供了积极的社区空间，显然是出于对未来的信念。至少在社会意义上，“我们是”小组近期在纽约南布朗克斯区的工程是一个典型案例。[83]

体裁的逼真性——或称对于现实主义项目的媒介的关注——也就带来了如何看待媒介的问题。在建筑领域，正如我们之前看到的，新客观主义与之后的新理性主义的立场有很大区别。新客观主义的兴趣在很多方面与建筑本身并无关系，而着眼于新材料的节约运用与建造技术的条件。新理性主义则相反，将注意力放在内部，着眼于建筑元素与经典案例的现存世界，同时也关注未来建筑的可能性。两种立场都体现了现实主义在材料等方面真实、忠诚的需要。然而，在其他条件相同的情况下，新理性主义立场的即时性与易得性或许在更大意义上传达了现实主义。就像迈克尔·本尼迪克特在《关于建筑的真实》中提出的，“真实性”的感觉通过以下四个方面传达：存在性、重要性、材料性与空旷性。 118

更狭义地说,“真实性”是不容置疑的存在,它富有吸引力,真实可观,并且缺少精巧雕琢。[84]

对发展媒介的关注同样也引出了“发展”的含义与应该怎样发展的问题。很明显,在基础的层面上,“发展”必定是指通过特定发明来进步,而不完全依赖不断尝试从而最终找到真理的实践。因此必须有一定数量的创新,在建筑学中可能意味着“建筑话语的作品”(暂时借用一下彼得·艾森曼的说法),或者其他对于形式的考察。两个方面都可以并且已经被纳入了现实主义工程。对于常见的象征符号或具象的引用,作为新现实主义及之后的平民主义立场的一部分,体现了对建筑语言的长期关注,而且远非简单挪用。民间风格的惯例以及流行的象征符号在穆拉托里的作品中被转化,在文图里那里亦有程度稍低的实践。他们的作品通过这种方式丰富了建筑学的表达,而不是仅仅应用了一种装饰手法。意在丰富建筑样式的类型以及其余建筑的重要属性——这是新理性主义在体裁方面长久思考的事情,类似的发展同样扩展了建筑的表达。

同时要求“题材的逼真性”与“体裁的逼真性”必然需要现实主义建筑项目中这两方面的相互影响。就像我们在之前注意到的,这些方面鉴别起来通常有些困难。然而,建筑话语的作品无法避免隐含一些内容上的考量。事实上,我们很难单独想象其中之一。但是,现实主义工程

119 中重要的在于对内容与媒介的关注之间的折中与平衡。正如我们已经注意到的,过多强调前一方向,结果是为艺术而艺术,而过于注重后一方向,只会导致缺乏灵巧的教条主义描绘。前面围绕新现实主义住房工程的辩论恰好诠释了这种寻求平衡的实验。在蒂布蒂诺,社会利益、民间风格和市镇景观的有机传统极富存在感。正如塔夫里等人注意到的,在更为严格的建筑学意义上,这一项目中几乎没什么进步。图斯克拉诺的住房项目与之相反,不那么具象和易于辨识,尽管也有借鉴民间风格之处。但是,图斯克拉诺项目开展了更多将这种借鉴融入建筑本身的尝试,以及寻求真实的公共空间建筑类型和形式的实验。最终,如果要评判的话,图斯克拉诺的建筑师也许更为成功地实现了“题材”与“体裁”之间合适的平衡。他们批判性的分析也显得更加敏锐。该项目通过一

系列住房实验启发居民的想象，提供给居民比原来熟悉的环境更加丰富的新环境，从而在住房层面明显缩小了他们和意大利社会中其他向上流动的群体之间的区别。

最终的分析可以得出的结论是，两个项目都开创了先例，不过图斯克拉诺的建筑和规划更有创新意义。两个地方的建筑师都借鉴民间流传已久或极为发达的建筑传统，参阅了广为人知的符号和样式的技术。这种结合十分有趣，赋予项目强烈的现实主义感。推而广之，朝向“无先例的现实主义”的努力要求比往常更注重具体的设计状况和情境。一种情境式现实主义位于其根源，最近罗多尔福·马查多和豪尔赫·西尔韦蒂的西西里项目就是一个例子。[85]严格来讲，波塔·梅里迪奥纳勒1987年提案的关注焦点和象征性的特点是没有建筑先例的。显然，在同名的地方并没有高速路交叉道。但是，这个项目确实和对于场所的直接体验 120 有关，并可以联系到那种认为城市可以作为文化事实被直接且客观地理解与欣赏的信念。马查多和西尔韦蒂的项目，远远不仅是被动意义上的互文，而且积极参与并升华日常体验。他们借鉴了文化潜台词的创造性与异质性特点，并不局限于某个社会阶级。相反，作为事物本身虽然很直白明显，他们的项目不能被简单分类到预先存在的或熟悉的某个类别中。这种缺乏先例的现实主义手法的前景在于它能带来感受的即时性，并预防陷入陈词滥调的危险。[86]

即使如今，也很难在缺乏特定环境和行动方案的情况下寻找对建筑现实主义简洁的定义。将我们引入这场讨论的哲学相对主义仍旧影响深远。一个项目是否属于现实主义取决于特定时期、场所和环境提供的评判标准。通过引入公民空间作为现实主义的焦点，模糊性可以被进一步抹消。我们将会立刻发掘出，例如，对于每日公共生活兴趣，以及对于人与人相遇、公民社会和国家处理事情的场所的关注。同样我们会意识到，对于周围环境特定的熟悉感或知识性也许伴随着对于城市行为模式的偏好。此外，城市现实主义项目也许需要通过物质上充实甚至升华日常生活的特定方面来超越功能适用性。进一步的讨论首先需要关注个人空间和公共场所的角色。 121

“何为真实?”莉蒂亚喃喃自问,正是当代不满直截了当的写照。“我不再知道什么——有了这些理论和抽象的蹩脚言辞和喋喋不休,什么都是有可能的。问题在于,没有人知道什么是好的或甚至什么是正当的。”她若有所思地说,将一股凌乱的头发从脸庞拨开,聚精会神地吐了吐舌头。

“画得怎么样了?”邻桌的乔万尼觉察到她的心烦意乱,带着一丝理解问道。“你知道为了这项事业,这个项目很重要。”他继续说道。“什么该死的事业?”莉蒂亚充满怀疑地想。“为什么乔万尼和其他人都这么见鬼地确信他们的所作所为?事情太复杂了——也许在奶奶的年代要容易一些。”她对自己说,思考着日常生活的既定仪式,对于需求的实用计算,以及总是似乎取之即来的帮助。“但话又说回来,也许并非如此。”

“我几乎做完了,乔万尼。”莉蒂亚说,集中精力于最后几根线条。然后她抬起头来,注意到乔万尼脸上对于她使用他名字的盎格鲁昵称显而易见的满意。

——皮耶罗·G.蒙特威尔第,《回家》

第四章　个人空间与公共场所

赫克托发现，在屋顶独处是远离楼下复杂街道的怡人休憩方式。他看着暮色中一架大型客机缓缓倾斜着转弯，飞过曼哈顿，继续前往河对岸的拉瓜迪亚机场降落。“哟，赫克托，老伙计，怎么了？”路易斯招呼道，小心翼翼地迈过楼梯井旁边的瓦砾和违规建筑。赫克托被他身后的声音惊吓，感到有些发僵。“不错的西装。”他不置可否地说，企图填补时间的空白。“那是，四—百—美—元呢。”路易斯答道，既为了修辞的夸张，也是要炫耀他西装的剪裁。“完全合法的，伙计，”他继续道，“是在西百老汇我工作的那个商店——预付定金购买的。你也可以这么做，伙计。”“是的！那我可就出名了，哈！”赫克托讽刺地嘟哝，“但是那个人的那个地方，那可是个恐怖的陌生国度！”

蓝道尔将航班杂志揣进座位前的口袋中，瞥向窗外。“我很喜欢他们的航线经过这座岛的时候。”他自言自语道。“很难相信地面规划能够一模一样地重新来一遍，考虑到建筑的大小和形态那么不一。”他沉思着。“我希望玛莎记得给植物浇水，还有拿邮件。噢对了，我大概再过四十五分钟左右就到家了，不过这取决于交通状况。”然后，他重拾刚才的想法：“苏豪区的问题是它像欧罗巴酒吧——太多该死的游客。很快这就要毁了这个社区。”“天哪，我居然累了！旅行太久了。”他接着自言自语，打着哈欠，伸了个懒腰，并暂且闭上了眼睛。

——彼得·克莱内沃尔夫，《东西与中心》 127

从飞艇、飞机或卫星上看下去，20世纪晚期的纽约城像是一片多样的但又井然有序的道路和街区组成的网格。但是，事情并非一直如此。1806年，城市要求州议会指派专员，在已开发的城区之外，设计曼哈顿岛的发展规划，这大约就是今天“下城”的前身。不久之后，三个专员（古弗内尔·莫里斯、西蒙·德·威特和约翰·拉瑟福德）被派到这里，并于1811年通过了一项规划。这项规划中，单调的直线构成的网格覆盖在岛上已有道路、田产、山丘、沼泽、水道以及住宅之上，一直延伸到第115街。[1]规划的首要出发点是鼓励城市以一种有序的方式发展，几乎没有提供公园地带或重要公共建筑通常具有的上层壁面缩进和观景台。公园地带当然可能显得不必要，鉴于当时敞开的空地还很充足，并且几位专员可能也假定或者期望城市将会保留早期19世纪的规模和多样性，主要由一般人负担得起的、正面宽度20至25英尺的小型空地的开发组成。仔细排列的道路中，东西向的为数更多，更宽的大道则是南北向的。规划者似乎假设大部分陆上交通会集中于滨水地带，会需要频繁通往内陆。百老汇是唯一保留的老街，得以与网格道路交叉，在岛上制造出斜角道路。[2]

时间一长，高度统一的道路和街区网格除了成为房地产投机和建设开发的基础设施，也被临街门面、广场、宽敞大道和公园装点起来。实际上，不同于世界任何其他地方，这样的规划要求易于感知的城市建筑存在。而这样的建筑，至少在19、20世纪之交，开始投射出具有强烈公共精神的集体含义和联想。纽约是一个充满公民骄傲的地方。同时，网格和其缝隙是其他非官方甚至不被许可的活动的发生场所，也是个人试图适应特定环境的地方。最首要的是，它成为承载高度异质化人口的基质。这些人或穷或富，种族上相同或不同，都居住于同一个整体空间，尽管这一空间在通常情况下也是分割的区域。和大多数城市不同，这里曾有并且仍旧是一个整体，即一个“大苹果”，但同时也是多个“纽约”。

128

空间到场所的转换

我们占据空间，工作于斯，居住于斯，并且生活于斯。依据法国知识分子亨利·列斐伏尔，空间本质上被社会过程和实践生产。[3]通常人们凭借其财富租赁或购买住宅，并往往因此发现自己置身于一个思想、兴趣和经济状况相似的社区。随着时间的流逝，公寓、住房和城市社区的其他物质形态被改造、建构，直到社区空间成为一个拥有其与众不同的特征和气质的地方。其他人有时冒险踏入城市中萎缩的区域，被想当然的便利设施（例如曾经恢宏的空间）所吸引，并努力将其改造为自己的图像。退化的、不被投资者看好的地产现有价值，与在未来新的利用状况下的潜在高价之间产生的租金差距，在经济上助长了通常会紧接着发生的所谓的士绅化。典型状况是，这一差距越大，二次发展和经济复苏的紧迫性就越强烈。新的利用方式也倾向于因为相关人群的探索精神的关注点不同而有所差异。有时问题在于他们工作地点附近的历史保护，有时现存的非居住区域的特定空间特征被沿用，有时人们甚至寻求更广泛的城市生活的无个性。这一过程注定是复杂的。不幸的是，经济振兴同时导致社会失活的情况经常发生，因为一个向上移动的社会群体取代了一个区域内的其他群体。特定族群或民族群体——他们之间存在着语言、经济或其他文化关联——移民并占据城市特定区域的现象同样普遍，尤其是在纽约这样建立已久的城市。通常来说，这种现象也会在同一个场所重现。例如，借用社会学术语，西波士顿是一个“进入之港”和“出现之地”，先是对于爱尔兰人而言，然后是犹太人和紧随其后的意大利移民。[4]今天，对于拉丁美洲群体，它仍旧发挥着这样的作用。每一次移民潮流都会留下其文化印记，改造他们所发现的空间，至少在一定时间里，将其转换成社会和文化上可以被认同的场所。 129

空间和社会实践的相互界定作用同时与大多数城市环境的状况相关。以一种形式预先存在空间确实是一个人的行动、看法和与他人的交往的先决条件，并且影响人们在这些行为上的能力和表现。例如，一个区域内现成可用的抵押贷款可以极大地便利人们取得住房。相反，歧视性的市场行为会导致其他情况下有资格的人不能选择在那里生活。总的来讲，至少在资本主义状况下，资产的定价和价值显著影响城市的社会地理。特定的物质特征也在物质上影响社会实践。例如，公园的广泛易得也许会推进户外娱乐和至少某些游戏的开展。道路上高流量的交通则正相反，它阻碍了很多形式的儿童玩耍。在纽约的很多社区，由于高楼大厦和封闭空间取代了更加开阔的底层楼为主的结构，“盒子里的球”这样的游戏进化出垂直版本“杆子上的球”。一处城市景观主要物质形态的大小和几何结构——例如一个标准街道网格的边数——也会对这块亚区域的社会经济过程和街区内部空间的常见使用模式产生重大影响。前面描述过的曼哈顿网格的四个边长度相差很大（800英尺长，200英尺宽），也就导致了建筑的线性聚集，强调街道立面，除了服务，在每个街区内部的开放空间中几乎很少或不关注人们的活动——这基本上正如最初专员们所计划的。澳大利亚墨尔本中央商务区的网格结构则相反，长大约620英尺，宽320英尺，比起纽约来讲长度较短，但宽度更长。[5]因此，人们会在街区内发现众多拱廊和小巷纵横交错，给步行者完全不同形式的活动范围。类似地，取决于物质结构，每个城市中官方功能和日常功能行使的场所都有特别的安排，非官方、不被允许的活动的场所亦然。

130

总体上，依旧是依据列斐伏尔的说法，每个社会会表达自己特殊的空间。古希腊的城邦就是一例。[6]如今，主要城市中都包含他所谓的“资产阶级空间”，即强调交换和商业的空间。[7]通常来讲，人们所指的空间就是人们实际所得的空间，尤其是在经济理性和表现功能被高度推崇的社会文化条件下。例如，“居所”的观念背后包含很多超出简单地居住的细节，可以很容易地和住房合并，并且被这样建造起来。[8]的确，历史上居所的空间域经历了许多变化，导致相当不同的一些地方在某个时期会符合主流的社会实践，尽管空间的基本安排几乎没什么变化。与之类似，社会现象在特定场所的重现可能表现出不同的形式，但是和简单的经济决定论同样有效。例如，卢克·桑提就提到偏见凭借“传统的地下支流”在特定区域永久化，有时甚至是在与实际状况的完全矛盾之中，形成一种持续的污名。[9]同时，依旧是桑提的观点，其他地方似乎“被一个种类的地方磁化，使它们不断再生”。例如，曼哈顿下东区的汤普金斯广场仍旧如同19世纪末期那样，充斥一连串无政府主义的或反对正统的活动。[10]形成对照的是，更传统的公民空间似乎给予社会成员一种集体从属身份的想象，到头来，这种集体观念比他们的个人观点更被笃信，持续得更为长久。显然，一对相像的过程在起作用，用列斐伏尔的说法，也就是升华和压迫，其结果是刻意简单化的、经过加工整理的对于普遍社会状况的观念。[11] 131

回到纽约和曼哈顿网格中现在被称为苏豪区的地方。在这里，多种这样的社会过程和实践在同一个地方发生，并且环境本身的物质特性成为强大的决定因素。大多标准措施的后果至少在三个历史时期可以被称为是公民的，分别与高级住宅的最初建设、19世纪末期仓储制造业地区的发展和今天Loft环境的翻新同时发生。实际上，“苏豪”是“休斯敦河以南”（这一地区近期的改造项目）的首字母缩写，包含曼哈顿的43个街区，三面被坚尼街、第六大道和休斯顿街三条主干道路包围，另一面是同样与众不同的“小意大利”社区。[12]在19世纪上半叶的早期发展中，这一毗邻百老汇的地段成为时尚的中产阶级社区，有着优雅的住宅、最好的百货商店和精致的餐厅与宾馆。[13]各种便捷之处，尤其是前往下曼哈顿工作地极短的步行距离，使其成为广受欢迎的居住区域。后来，有轨电车以及之后地铁的发展消除了这一区位优势，人们更加偏爱远离商业扩张喧嚣的上城地段。即便如此，在1830年至1850年大约20年的这段时间里，百老汇狭长地带的这一部分仍旧反映了公民美德和迅速扩张的城市志向，而市政机关和公民群体都参与其中。

大约在1850年以后，这一地区的显赫地位迅速下降。许多高级住宅成为妓院，或被分割成穷人的公寓。格林尼街和美世街一些住宅的没落甚至早于这一整体衰退。19世纪50年代同时目睹了百老汇的变形，原本以砖筑小商店为主的道路，成了充满大理石、铸铁和褐砂石筑成的商业“宫殿”的林荫大道。大型酒店开始出现，包括联盟酒店、城市酒店和奢华的圣尼古拉酒店。作为大众娱乐场所的音乐厅和剧院也成倍增加，以至于百老汇在坚尼街和休斯顿街之间的狭长地带成为城市的娱乐中心。明斯特大厅、奥林匹克、布罗汉姆园仅仅是杰出剧院中的几座，再加上百老汇的尼不罗游戏厅和哈里·希尔舞厅，它们成为纽约夜生活的热 132

门地点。甚至臭名昭著的政治家费尔南多·伍德也曾将百老汇的莫扎特大厅作设为他的总部。

整合和功能的进一步转移发生在1879年，仍旧是和城市合作，为商业和制造业事务提供空间的Loft建筑取代破旧坍塌的昔日豪宅，尤其是在百老汇以西。这些建筑骄傲地宣扬它们的存在，互相争夺着人们的注意力，形成世界上密集度最高的一片完全或者部分使用铸铁材料的沿街立面。尽管五金商人丹尼尔·巴杰斯于1857年在霍华特和康斯特布尔公司大楼打造的梵蒂冈文艺复兴式店面被认为开启了这一潮流，但直到19世纪80年代（十年前的经济恐慌尘埃落定之后）富丽堂皇的大厦兴建才真正开始。例如，当时世界上最重要的丝织品制造商之一切尼兄弟在1880年前后邀请艾丽莎·史尼芬操刀设计，于布鲁姆街477号至479号修建了新古典主义铸铁建筑样式的办公室和仓库。[14]

铸铁立面成本和普通的砖石墙面相比并不高，但是具有装饰丰富的优点，能够实现富丽堂皇的效果。铸铁立面由预制的金属板组成，建造起来更快，至少能达到大约六七层楼的高度。超过这个高度就需要对地基加以特别注意，会增加建设的时间和花销。其他著名建筑师也在这一地区有所建树。[15]例如，理查德·莫里斯·亨特设计了位于百老汇478号至482号的典雅建筑，后来被毁。I. F. 达克沃斯负责设计了一系列133 “商业宫殿”，例如格林尼街72号是以法兰西第二帝国的风格建造。亨利·冯巴赫是另一个大量在该区创作的建筑师，尤其以立面的优雅和建设的高效而出名。例如，亨利和艾撒克·麦因哈德位于格林尼街133号至137号的仓库仅在1882年到1883年之间的十个月内就完成了。但是，建筑师也许并没有被雇去设计很多立面。实际上，所谓的新希腊式、法兰西第二帝国式、法国文艺复兴式和意大利式风格也被铸造厂运用到铸件中，并成为他们生产销售的标准产品。毫无疑问，这种模仿花岗岩和大理石的结构，但价格更为合理的“院子里的辉煌宏伟”吸引了许多渴望炫耀财富的商人和工厂主。尽管如此，其累积后果令人惊叹，而且时髦地统一，赋予百老汇附近商业地区的街道一种新发现的公民宏大感。正如一个观察者所说：“人们走在街道上，应当会看到文艺复兴之美在现代钢铁中再生。”[16]尽管存在个人竞争，对于这一地区更广泛、更公民化的身份认同意识显而易见。实际上，今天一个街区中大型的、未完成的宏伟角落中的大厦或其部分的外表都见证了那种共享的认同感。

尽管最后完整的铸铁立面在19、20世纪之交前建成——主要是由于这种结构不利于防火，并且难以用来修建更高的建筑，后来成为苏豪区的商业和制造业地段直到20世纪20年代都处于经济繁荣之中。两个主要的工业部门是服装制造业和皮毛贸易，它们在30年代迫近时离开，搬到上城第七大道附近，寻找更好的位置和更现代化的设备，只留下处理低价值纸制品和纺织污染物的公司。随后，除了第二次世界大战期间暂时的喘息，存活的商业和工业地区在1920年到1950年之间迅速衰落。这段时间里，因为潜在的火灾风险已经被证实，它甚至被贴了“地狱的一百公顷”这样的标签。夹在南部下曼哈顿的办公楼热潮和北部纽约大学附近的工业发展之间，这一地区持续被人们遗忘。不过，一些企业的核心机构仍然留在这里并持续运转。例如，1962年，一块由二十个街区组成的地段大约包含了650家商业机构，并雇用大约12 600人，主要是蓝领工人。[17]但是，随着这一地区更深地陷入经济衰退和绝望，工业Loft空间，甚至整个建筑都被废弃。 134

幸运的是，衰退的原因也可以成为复兴的理由。尽管相对高且狭窄的Loft空间以及与市场不那么直接的通路不利于现代工业，它们却很适宜先锋艺术家。[18]从20世纪60年代早期起，极简抽象派画家以及激浪派、欧普艺术、波普艺术的倡导者开始设立工作室，在这一过程中这个地区取得了它现在的名字。苏豪区开阔的Loft空间允许艺术家进行大规模的艺术实验。例如，地板承重能力很适合放置沉重的雕塑，也很容易用载货电梯传送物件。在这里生活更为省钱，远离城市拥挤的人群，并且很容易和临近工厂以及蓝领员工建立联系。严格来讲，居住于此是非法和秘密的，一段时间里，这一地区理论上仍是一个工业和商业地带。尽管如此，随着Loft居住模式和房屋改建进一步加速，以及公民社会非营利机构开始出现，这一定位也随之改变。首先，20世纪60年代的艺术家进驻项目使得艺术家占据Loft空间的行为合法化。其次，苏豪区艺术家租赁协会于1968年成立，与市政机关就财产权和服务的问题正式交涉，并进一步发展和提升社区团结感。最后，在1971年，主要是为了回应这一统一组织，并且回应实际上已经发生的事情，该区的功能分区发生了改变。不久之后，在1973年，《苏豪周报》开始出版，发布社区讯息；135 地标保护委员会划定该区域一大部分作为历史遗迹。[19]其他有关活动也遵循类似的模式。1968年，保罗·库柏在伍斯特街开设了第一间商业画廊，大量画廊迅速跟进，使苏豪区成为艺术品分销和创作的中心。简而言之，公民社会和国家的关键元素似乎共同起到了保存该区域建筑特色、改变和复兴其使用的作用。今天，苏豪合伙企业仍在这一方向上努力，他们的活动包含雇人（其中一些是无家可归者）在社区工作，打扫街道和铲雪。

这项公民事业势头增强，其他状况也随之发生了改变，但未必是朝向更好的发展。投机者开始取代“不在乎风险”的先驱人士，推广替代性的、不昂贵的Loft生活方式。正如在纽约历史上的其他时候，波希米亚生活方式的吸引力带来了游客人时装店和高级餐厅。这些本来都是好事，但是新机遇逐渐取代了该地区原有的蓝领工作，并使得不那么出名的艺术家承受了更大的经济压力，他们中有很多人都搬到对岸的布鲁克林。面对停止非法改建房屋、使建筑规范得到遵守的必要性，政府官员最终于1981年颁布了《Loft法》，试图在逐渐引进理性的科层化程序的同时保护已经居住在苏豪区等地的人的权利。[20]不幸的是，这些不同目的之间往往互相冲突。房屋占据者还是继续住在那里，像一个普通租户一样“偷住空房”，无休止地阻碍所有者和其他人改善残破环境的努力。尽管有一些挫折，今天的苏豪区成为纽约曼哈顿行政区内生气勃勃的独特社区，并且带有一种对于明显且独特的街道和公共区域的公民感性。它也是120多年来一系列个人与集体事业的社会和经济历史的见证，值得注意的是，这其中几乎所有都涉及通过同样的建筑或可通行的 136 街道占据一块城市空间。苏豪区的城市建筑留下了持久印记，并且形塑了这一地区的社会和文化特性。

下东区的情况和城市建筑影响居民的模式相反，其社会过程和实践对于空间到场所的转换起到决定性影响，尽管经常带来悲惨的结局。随着纽约人口迅速增长（在19世纪下半叶几乎每十年都要翻倍），曼哈顿网格大体上朝向北边的"上城"扩张。[21]但是，这一扩张远非均匀分布，低收入群体并没有享受到宽敞的住房和充足的开放式空间。直到第一次世界大战之前，一船船的移民竞相到来，落脚在任何他们可以居住的地方，通常邻近工作场所和其他赚钱机会。大片廉价公寓出现，主要由狭窄的五六层楼房组成。这些住宅只有极小的豁口允许最少量的光和通风，通常还被漂亮的沿街立面伪善地装点。到19世纪90年代，足足有60%的纽约人住在这样的廉价公寓里，其中下东区最早呈现这一势头。1910年，这一地区的人口多达500 000人，主要是来自欧洲的犹太移民。[22]正如可以预料到的，地方族群的机构随着住房繁荣发展。商店和其他生意也跟着兴起，尤其是沿着更宽、人气更旺的大道。时间一长，一波移民让路给另一波，最终西语裔美国人成为主导。不幸的是，这一地区不久后就在经济上蒙受灾难，20世纪40年代和50年代的内城复兴也使其人口数量大减。到1980年，居民大约仅有149 000人，也就是仅有1910年高峰期的30%。[23]受打击最严重的是字母城，这个称呼来自南北向用字母A、B、C、D命名的道路，这里到20世纪70年代人口已经下降到曾经的67%左右，大部分还生活在远低于贫困线的水准。[24]早期过于拥挤的廉价公寓带来的污名仍然持续。残酷的讽刺是，很多这样的公寓早已被拆毁，只剩下由空荡的土地和被遗弃的房屋空壳所组成的荒芜城市景观。 137

目前，鲁瓦赛达（西班牙英语对下东区的称呼）是一个贫穷、充斥暴力的地方，充满了毒贩和吸毒者，主要被波多黎各人占据。它也在缓慢地士绅化。实际上，"字母城"这一称呼仅在20世纪80年代士绅化最开始波及这一社区时才被使用。[25]对于那些之前就在这里的人，尤其是自20世纪40年代和50年代早期搬来的波多黎各人，这里仍旧是鲁瓦赛达。地理上，这一社区的西界大约是第一大道，向东一直到D大道，南边延伸到休斯顿街，北边直至东14街。其中心是位于A大道和B大道之间的汤普金斯广场公园，多少年来是无数政治示威和庆祝活动的场所，同时外界也一直企图整治这片区域，使其看上去更加繁荣、体面。总体上，街区和街道的网格的两面被第二次世界大战后公共住房项目环绕，南面与以德兰仕街为中心的更早、更加狭窄的网格街区相邻，西边与东村区接壤。尽管几座高楼赫然屹立其中（主要是公共机构建筑群，例如医院和福利住房），鲁瓦赛达的大部分是相对较矮的曼哈顿传统式联排别墅与廉价公寓。[26]

但是，物质财富的整体匮乏并未妨碍波多黎各社区用一系列丰富的符号和仪式装饰他们的生活。与之相反，微薄的存在空间和为生存的抗争几乎强烈要求认同和归属感的象征。举一个例子，当地教区的教堂每次复活节都在社区内庆祝"耶稣受难之路"，使用具有其他社会政治含义的特殊位置作为纪念的地方。比如，通常都是一个青少年扮演耶稣基督，演员和音乐伴奏在卡车上被运送到鲁瓦赛达的各个地方。[27]汤普金斯广场公园就是其中一个通常举行宗教仪式的场所，这在很大程度上就是认可在这里发生的无家可归者为取得住房的抗争。这样一来，教区居民和社区其他成员同时庆祝他们生活的宗教和世俗方面。用来追念死者的纪念墙也有着类似的功能——这些死者往往死于和毒品有关的暴力行为。"嬉皮"涂鸦——尽管通常带有社会批判的意味——也相应地被用来装饰具有文化意义的地方，包括定期举办诵诗活动的咖啡馆和当地几个举办现场演出的剧院。奇科是一个著名的地方涂鸦艺术家；他和其他人一起接受委托绘制作品，通常是死者家人请他们绘制纪念墙。[28]类似地，空地被私自占用来建设俱乐部——卡西塔，还有人种植了生产性的城市农业花园。许多卡西塔是临时搭建的，如同那些位于上城布朗克斯的俱乐部，但也被细心装饰，通常展现出当地人将手头材料按照当地风格进行利用的才能。不那么显而易见的是，社区圈子也被卷入从有条理的街道喧嚣到协作的替代性街道管理形式的转变之中。令人满意的是，至少在一些地方，拉美"炸弹"的现状开始以社区团结和身份认同的名义采取了外向的公民转向。[29]

这些社会实践对于城市环境的影响（用音乐来类比）一向是混杂的音符，或文化隐喻的集合，在大调和小调上都是如此。在这个世纪的大半时间里，下东区（鲁瓦赛达，或字母城）的符号环境持续被书写和重写，如同谚语中所说的重写本。其结果（在大调上）是不同的个人和集体宣言与野心的密集展现。例如，凉棚和其他街道告示牌宣传特定公司的作用，但其整体也传达了共同文化遗产。但是，时间长了，随着一些部分被设计和忽视而删除，其他部分被加强，这种多元化并没有获得一种关键的公民面向。例如，建筑之间公共区域的使用常被增强，这些区域被塑造为公共的社区财产，但同时一种文化的特有语言仅仅是被下一个抹去，或以改变了含义的方式继续存在。与之相反，苏豪区的社会进程和实践，尽管在一个层面上对于环境塑造起着重要作用，和该地整体物质的建筑形态相比仅是小调。大量功能性区分——例如在公众可以前往的画廊和私人住所之间——通常不会在Loft建筑宽阔优雅的立面上显现。在街道层面，占多数的人行道有着使得行人进行观看和被观看的双重功能，除此之外没有什么别的目的。实际上，这一点甚至与拥挤的人群协调一致，尤其考虑到这里的常客喜欢穿单色或简单的黑白颜色的习性。尽管如此，在大调和小调上，鲁瓦赛达和苏豪区对于它们各自的表现传统而言都是公民的和真实的。的确，他们甚至可以被看作诠释了本质上同一个动力的截然对立面。鲁瓦赛达代表着集体，通过它的多样性而非仅仅是差异。苏豪则在社区之上采取或施加了一种多少有些统一的物质结构。

139

雷姆·库哈斯和伯纳德·屈米更为晦涩难懂的理论观察显然也来自这两个案例。无论如何，随着时间的流逝，建筑样式和建筑项目并不一定——尽管通常——互相适合。正如库哈斯在《癫狂的纽约》一书中指出，当代城市的空间秩序中不存在思维的建构，这一观点也在屈米的《曼哈顿手稿》中得到进一步阐述。[30]借用屈米的一句话，传统建筑表达中移除了大量空间和其使用之间的复杂关系。问题在于，样式和项目之间缺乏统一的事实是否为刻意创造样式的做法提供借口，尤其是考虑到项目似乎不能够用任何可靠的方式被掌控。答案大概是否定的，并非如此。回到列斐伏尔，真正的社会空间——任何符合讨论中狭义定义的空间——包含一系列重要特征。[31]首先，空间承载社会实践，因而存

140 在必要的表演和能力的标准——例如，能够在街上漫步，且不用过度集中精力，或时刻提防撞到他人，或使用公共地下空间。其次，要借助符号和其他编码实现足够的“代表性”，这样一来空间才是清晰的、可以想象的等等。举一个简单的例子，教堂不能被误以为是干洗店。最后，社会实践要求代表性的空间包含复杂的关于身份、所有权或公民自豪感等的符号。用公民现实主义的语言（回到之前的定义），这意味着或是通过给予认可，或是通过保障其特性，创造性地为国家和公民社会的日常实践创造空间。显然，通过重修历史建筑的集体努力、考虑人们的需要而重新创造街道和入口、维持土地的一系列多元使用，苏豪区符合这一定义。在鲁瓦赛达，更为迫切的是凸显反对枪支暴力的公开宣传、社区对公园和社会设施的支持，并且要在曾经荒废的区域修建人们能负担得起的住房。在两个案例中，个人的努力——无论是否是公共推动的——促成了一种环境特性，和其他情况相比，对城市的贡献更大。

反抗、示威与纽约网格

比较纽约和罗马，法国哲学家米歇尔·德·塞都指出：“纽约从未学会依靠过去而变老的艺术。”与之相反，“它的当下通过一个个时刻创造自己”。[32]他继续说，在城市理论家、地图绘制员和规划者的“地理空间”——按照他的说法，是一些高处的“观看之神”的超然建构——和日常生活的“人类学空间”之间存在差别。[33]还有其他一些相对的概念与此有关。例如，“场所”和“空间”。“场所”意味着一种有序的安排，其存142 在体现出特定的趋势和社群认可的方向。当提到这个或那个场所的时候，我们通常指的是一个选择性的、半正式的特征集合。例如，一个标志城市中心的场所通常是四通八达的，即使不是辉煌具有纪念意义的，也一定会有着鲜明的外形。我们在第一章看到的坎波广场就是一个这样的地点。“空间”与之相反，被德·塞都称为“被实践的场所”：一段独特的轨迹和特定的空间体验。两个常见的例子是嵌入到空间之中的橱窗购物者和走在具有某地特征的街道上的看风景之人。通常，空间中的普通实践者被前面一种鸟瞰式的视角忽略，并且，在一些情况下，这些人的存在显然侵犯了使得空间成为场所的定型过程。“请勿踩踏草坪”不仅是一个告诫，也是关于一个场所作为空间特殊形式的集体思维心态。“协和广场并不存在，”马拉帕特说，“它只是一个想法。”[34]

其他相对的概念还包括“地图”和“旅游图”的差别。按照通常的说法，地图是对于一个区域内多条特定轨迹和空间体验的抽象、独立的绘制。[35]它是关于“地理空间”的。而旅游图描述一条特定旅行线路或轨迹，是关于“人类学空间”的。延伸这一区分，按照德·塞都的观点，“看见”的行为既属于地图也属于场所，指的是对于一个空间既有的或预期的视角或视野，目的在于影响、控制或通过其他方法作用于空间中的特定行为。与之相反，“行动”是指由城市居民通过比喻、象征或类似的语言行为来编造故事，从而界定和决定空间。在这方面，套用德·塞都的说法，行走与都市系统的关系就如同演讲行为与语言的关系。[36]当然，此处的暗示是，行走的风格和行走的作用有很多，并且行走者也有多种不同类型。行走的修辞——继续借用德·塞都的语言学类比——对于市中心大道上的纽约人注定是各种各样的，例如，一个年轻人自信地蹦跳着走去工作，橱窗购物者走走停停，伸长脖子左看右看的游客缓慢前行。这些概念，反过来也让我们可以把对于一个地方“合适”的行为或活动与那些有违常规的区分开——换句话说，区分遵从一个地方预期的内在秩序和总体趋势的空间实践，和那些显然与之冲突的。 143

保罗·奥斯特的《纽约三部曲》是文学作品中空间和旅游图汇聚的例子。故事中的一个人物，彼得·斯蒂尔曼沿着曼哈顿上西区直角网格的一条特定线路行走，一路上辨认出铭刻着的字母，拼写出_OWEROFBAB__（TOWER OF BABEL，即巴别塔）的字样。他远远地被奎因先生跟踪。[37]在后来的故事里，两个人物不那么刻意地各自游荡在这些看上去相同的街道上时，感受到一种巨大的解脱感，甚至是离弃感。正如奥斯特传神地描写道：“他乘坐地铁，在人群中推攘，感到自己朝向一种此刻的感觉猛冲……让拥挤的人群带着他以某种方式通向某个地方……暂且搁置了对于自己行动的责任。”[38]显然，在此时此地概念的多样之中，喜悦是，或者可以是，身在城市的报偿，也是一种克服这个场所的历史和环境的方法。

在德·塞都的总体哲学框架中，这一套概念的意义在于描述他所说的“反抗性实践”。通过这样的实践，城市居民可以宣扬他们的个体性和独特性，抑或只是短暂地忘记自己。[39]对于德·塞都而言，从整体层面描述城市的做法虽然便捷，但很成问题的是这样做会剥夺城市本质的人性。人们如此丰富地栖居于城市，但关于城市的描述一贯是来自所谓理性人的、普遍的、匿名的对象。更危险的是，这样的描述可能会被视为事实，并被用来塑造更多场所，有时甚至成为强制行动的理由，使城市失去真正的人类学空间。对于弱势群体，例如无家可归者，这可能是很严重的后果。在纽约这样的城市，他们常常被驱逐到地下（字面意义的地下），到他们更有可能性开展行动的被实践的空间，再次借用德·塞都的术语。尽管他没有明确地论述，人类学空间和几何学空间的关系可能变得紧张，二者也可能变得不能互相适应。这样一来，一个宽容的场所可以被定义为能够容纳大量被实践的空间的场所。从这一角度出发，在前面两个案例中，苏豪区的街道就是宽容的。至少，这里容忍和容纳的行走、闲逛和相遇的“修辞”很可能是多种多样的、同等被重视的。例如，街头艺术家可以叫卖他们的作品，旅行者可以闲逛拍照，当地人可以毫无顾虑地礼貌交谈。同样，通过替代性的空间实践，对于这一场所压倒性的反对越轨行为的道德说教的感受也可能是强烈和直接的。苏豪区不仅街道法治良好，得到优越的维护和监督，而且还有着物质形态、空间凝聚力和范围，似乎在说这是某一些活动的场所，但不欢迎其他的活动。与之相反，至少在一些鲁瓦赛达附近的街上，被实践的空间对于多样性更为警惕——来自对不寻常的事情的疑虑——并且集体的物质特征和社会意义上的说教不那么强烈和直接。不幸的是，其结果往往是更多纵容、越轨，甚至暴力。郊区街道看上去在两者之间，实际上通常是压抑的，因为它们对空间实践的多样性既不那么宽容，又对越轨行为有更强烈的即刻反应。

144

由此产生的对于好的公民空间的标准是在遵守习俗和场所自身的

物质属性的限制之下，对社会实践的真实多样性的宽容。本书中在这方面有教益的是围绕米兰萨格拉托（位于大教堂前面的空地和台阶）使用的争议。移民和一些游客将这块空地密集地用作宿营地，阻塞了空间，妨碍了人们使用教堂和广场其他地方。但是，官方保留通道的努力立刻引起群众强烈的抗议，认为这是过度限制公民自由。尽管如此，显然两种活动都扰乱了这个场所的公民特征。毕竟，这里一直是各种人聚集的地方，虽然没有一群人可以排除其他人。天气好的时候，宽阔的台阶提供有利的视角来审视整个广场，邀请一个人坐下并逗留。这些台阶也是前往后面的大教堂的通道，成为整个建筑象征性的讲台。既然两种功能似乎都在惯常的、预料的使用范围内，一个功能就未必比另一个更为重要，问题在于让两者和睦共处。在这一案例中，“反抗性实践”的一大优点在于，随着时间的流逝，它们常常促进其他实践的发生。在米兰，人们最终达成平衡：通过长凳、宽绿化带边缘等提供替代性的闲坐地方。首要的是，需要更多的场所创造来保存和扩展——至少其中一方面——广场内能够容纳空间实践的多样性。但是，近期的这一调整也可能会带来更多没有预见到的反抗性实践，并使得进一步的问题解决方案被提上日程。

145

和德·塞都的语调类似，两位英国社会学家，斯坦利·科恩和劳瑞·泰勒记述了我们建立稳定的世界构造以及我们自身作为个体面对这个世界的多种方式。[40]按照他们的说法，生活在当代社会需要人们参与“现实工作”以及“身份工作”。在现实工作中，较大的架构——例如人生规划、目标体系、职业规划等等——被创造并强化。[41]在身份工作中，个体的元素被揭示和培养。因此，根据科恩和泰勒，人生中一对双生的问题是在组织和维护日常存在的同时建构个人身份。在传统社会，个人可以通过遵守日常生活的安排和例行常规来表现自己，这样一来，现实和身份的差异大为缩小。比如说，人们做了什么和他们是谁相距并不远。但是，在当代社会，反思性和相对性常常同时存在，促进现实和身份之间的分离。有时，人们乐意接受一些版本的现实作为身份，例如俱乐部的会员身份。但是也有一些时候，人们强烈感觉到需要距离，需要在身份上将他们自己和这样的现实区分开。但是，这样的状况远非完全相对主义的，而是也有着额外的重要性。工作场所的异化就是一个现实与146 身份分离的例子。例如，至高无上的现实，也就是说总体的、普遍的日常生活状况，似乎是重压在人们身上，决定他们的行为。那是一个日程表、例行常规、职责和责任的世界。正如一位幽默作家俏皮地说："现实值得拜访，但是我可不想住在那里！"[42]

按照科恩和泰勒的说法，"短暂地脱离现实的结构"对人的心理健康以及保护现实本身的寻常感十分必要。[43]这些短暂的脱离有着一系列行为形式。例如，幻想或白日梦，通常在内心视野中呈现一个另外的世界。对于主流剧本的直接意识很大程度上决定了人们做什么、怎么做，也可能是有效的反抗性实践。即使是旅行和业余活动也使得人们可以逃离到更自由的空间。与角色的距离疏远也能带来自我意识，并且至少是部分地从当前的社会责任和义务中解脱出来。尽管如此，长期来看，幻想、角色疏远、剧本回避、逃离到自由空间等既保存也支持现实。例如，大多数幻想来自有迹可循的文化主题。[44]白日梦的召唤解脱了日常公事的单调乏味，但是，这么做的同时，也使现实持续下去。假期和业余活动的效果类似。主流剧本大体上由大众文化界定，为可接受行为的必要性的现实提供了虚构背景。相反地，尽管城市生活的公民面向显然要求现实工作的重要性——强调身为社会成员的优势和责任——也必须有身份工作的空间。公园里的休息，或能够在街上无忧无虑闲逛带来的突然解脱，都是公民体验的部分。毕竟，人们总是通过他们自己略微颠覆性的故事来更好地理解事物的官方版本。[45]

在纽约的街区、道路网格结构中，德·塞都的"被实践的空间"观点最为丰富的例子是城市游戏。年轻人和成年人都参与其中——也进一步表明公民社会内部青少年、儿童等的区分——游戏迅速成为身份工作147 和现实工作的场所，同时也是将空间转化为场所、发展强烈的社区邻里感的有效方式。根据约翰·赫伊津哈的经典著作《游戏的人》："游戏是一个在有限的时间和场所中自愿进行的活动，遵守自由接受、但有绝对束缚力的规则，目的在于其本身，并伴随着紧张感和快乐。"[46]这样一来，它存在于平凡生活之外，尽管很难理解没有游戏和游戏过程中施展的魔法的日常生活。对于孩童，游戏中的战术、灵巧双手、创造力等毫无疑问是为未来生活的准备，尽管成年人也显然并未丢失这些特质。首要的是，可控的“草地”的概念是最重要的。尽管往往在公共监视之下，游戏空间至少对参与游戏的人来说是私人空间。对既有的城市景观特点的包含也几乎是必要的，并且游戏要将都市生活的碎片转化为可玩之物。的确，对一个纽约这类城市的公民责任感的真正考量是它能够养育和保护核心活动（游戏）的程度。当然，正如我们之前在坎波广场的例子中看到，它对于锡耶纳人和他们的公民生活方式具有非同寻常的意义。不仅城市中的参与者成为他们自己行为的诗人，而且，游戏本身也被公共权威和公民社会的元素之间的关系界定、塑造。

在纽约，游戏中包含的城市物质形态多样且往往是巧妙的。对于大多数人，城市地理的基本单位是街区。实际上，在大多数区域，街区生活和邻里感是同义词。每个街区都像一个村庄，使得地方社区诞生，将仅仅几个街区以外的地方看作异乡。在这方面同样重要的是“道路”和“街区”的关系。[47]一个街区标志着道路中包含着的空间，由街角勾画出来。另一方面，街道则指外部喧嚣、奔忙、充满噪声和交通堵塞的世界。要想成为“如道路一般”，就要能够引导人们离开街区进入世界，远离场所的熟悉感，离开邻里和相对的安全感。类似地，“街头孩童”的术语通常指的是那些在他们自己的邻里和街区之外度过时光的孩子。 148

在作为一个游戏的整体剧场的街区内部，一系列物质的私自挪用也会发生。例如，很多纽约的联排房屋普遍具有的门廊——源于荷兰语中的斯托普球、抛石子游戏，或仅仅是闲坐、乱逛的绝佳场所。[48]门廊上的灯柱、灭火器还有楼梯扶手也让两个人——而不是至少三个人——可以玩跳绳，他们甚至可以跳出形式复杂的“街头的两个荷兰人”。门廊也可以作为一度在纽约街区流行的棍球游戏外场的标志。很自然地，空白墙面成为手球的场所，正如之前在高层建筑中提到的，“盒球”——一种垂直形式的棍球，在密闭空间中玩。屋顶成了避难所和聚会场地，在夏天常成为“焦油海滩”，因为人们在这儿晒日光浴。更加复杂和耗时的是鸽子飞离廉价公寓屋顶的精心设计的仪式。属于不同主人的鸟儿被混合在一起，它们要在一片混乱之中捕捉其他鸟群中的鸟儿，然后回到家中。有时人们会说，驯鸽人的灵魂和鸟儿一起飞升，这一消遣是离开日常生活的烦恼忧虑的有效解脱。[49]最终，城市街道与广场的硬水泥、石头和沥青表面都极其适合用铅笔画“跳房子”玩。即使今天，路边高出的路牙石也常常是街头游戏的便捷场地。[50]

一段时间以来，街道生活和人们玩的游戏遇到了大众传媒，最终让步给主流文化。在科恩和泰勒的命名法中，他们成为主流剧本进步和进化的重要因素，人们借此导演并演出他们的生活的一些方面。汽车文化——例如，“低底盘汽车”“兜风”——是在城市环境内观看和被观看的方式，通过这样的途径竞争、收获认可并维护自己的身份。这样可以逃离日常生活的单调乏味，但又是仪式化反权威趋势中的保守因素。最近，这一点正被新墨西哥州的州长加里·约翰逊本人清晰地认识到，他呼吁人们认识到低底盘汽车爱好者的积极社会效益。[51]另一个副作用——如今已经在特别车展和汽车行业作为一个整体被接受——是汽车本身可以提供美和惊喜。显然，胡安·瓦卡1988年大幅度修改的本田思域汽车和哈维尔·萨莫拉1976年改造的雪铁龙皮卡轻型货车正是其例。[52]

149

最近的嬉皮文化现象也影响了主流文化。诞生于20世纪70年代，说唱音乐、霹雳舞、“打碟”和涂鸦艺术是嬉皮文化的主要形式，“名气”（因为做好某事而变得众人皆知）是首要回报。最初，如同很多这样的现象，嬉皮文化和彬彬有礼的成人社会与官方权威格格不入。其中一些方面仍旧如此，例如涂鸦艺术，在20世纪70年代“潮流之战”期间蓄意破坏纽约，同时也在寻找成为知名画廊里的制度化艺术场景的方法。其他的，例如说唱音乐和霹雳舞——最初是避免街头斗殴的方式——现在成为娱乐业必不可少的部分。“打碟”作为嘻哈文化不那么知名的贡献，是指移动留声机唱片的唱针以产生有趣的扩音效果。[53]通常在公园或其他敞开式场所表演，打碟被用来彰显对于唱片的序列特点完全掌控，不过现代技术制造的光盘仅有部分可以这样演绎。

不遵从公认规范也是纽约波希米亚式艺术家的特点，这些人时不时在格林威治村附近聚会。[54]百老汇西边布利克街上的小酒馆百福家据说是纽约第一个波希米亚式艺术家经常出没的地方，在内战前，那里最出名的常客是沃尔特·惠特曼。后来，华盛顿广场成为波希米亚中心，吸引了马克·吐温、杰克·伦敦、厄普顿·辛克莱等文学巨匠。据自称波希米亚皇后的阿达·辛克莱说："波希米亚是天性而非习惯而成的世界公民，具有对美术的普遍热爱，与一切超越、外在于传统的事物意气相投。波希米亚不同于社会造物，他们不是规则和习惯的受害者。"[55]并不奇怪的是，一种乌托邦的气氛弥漫格林威治村，很多人努力重塑这一带的纽约，号召一种"不受传统限制的自由领域"。但是，至少到1919年，由于反德歇斯底里症、红色恐慌以及禁酒（由《沃尔斯泰德法》正式开启），这一切都很快结束了。[56]

150

在人类存在更为黑暗的一面，纽约也接纳了一群有着和城市的官方版本完全不同的心理地图和习惯轨迹人。例如，大众并不知晓的藏身之处和安全地界，对于无家可归者和其他被社会抛弃的流浪者十分必要。[57]寻找这种分离的区域作为住处，赤贫之人如今占据了地铁通道的壁龛，久被遗弃、无人涉足的小路，因伍德的洞穴，大桥支柱的凹处。最极端的是"鼹鼠人"，他们完全生活在地下。还有一些人是公园长凳上和公共图书馆里的漂泊者，他们的流浪使他们和其他人口有了更完全的接触。在所有例子中，他们占据城市中一个被实践的空间，既是出于必要，也是因为他们个人环境的卑贱和贫穷。尽管不是没有社区感，他们的存在没有任何公民性的地方，因为公共权威和公民社会都忽略了他们。

在不改变人们的旅行日程或城市地图的前提下，至少在短期内，反对既有社会不公的公众骚动是对于官方秩序和城市环境的鲜明挑战。例如，纽约1863年的征兵暴动成为一场牵涉上万人的大规模叛乱，他们最首要的诉求是反对不公平的联邦陆军征兵，这次征兵规定人们可以通过支付三百美元来避免被征。[58]但是，对于住在下西区和城市其他地方的穷人，这笔款项是没法设想的。正如之前提到的，许多年来，汤普金斯广场公园（位于下东区中心，一片用于景观美化的占地10公顷的区域）一直是一系列公民骚乱的发生地，尤其是关于贫穷和无家可归的议152 题。1874年，由于内战后的资源缺乏，纽约有大约10 000个无家可归者和110 000个失业者，这些人发起的一场示威游行最终演变为公园里的暴动，并被警方强力镇压。[59]在1877年内（也被称作暴动之年），类似的起义不断发生。7月24日，在汤普金斯广场公园的一场气氛紧张但和平的群众集会中，示威者从A大道涌入公园时，遭到警方错误的攻击。[60]不幸的是，还有一次更近期的类似事件。1988年8月6日，挥舞着警棍的警察一度试图驱走这一地区无家可归的“居民”，不过几个月之后被住房激进分子和反士绅化组织阻挠。之后若干年里，公园仍是一个思想开放的空间。但是，在1991年的阵亡将士纪念日，一场打着“住房乃人权”标语的公园音乐会引发了进一步的暴乱以及警察和公园使用者之间的冲突。这些骚乱最终在6月终结，公园里200座棚屋的住户被驱逐。[61]汤普金斯广场公园的实际意义和符号意义都不该被低估，因为这些事件进一步让人们关注场所如何产生意义的问题。汤普金斯广场公园是一个较大的、服务公众的开放式空间，有着便利设施和服务，并能承载大量占地居住者。广场位于一块被很多人认为经济萧条的区域中心，有效地传达了无家可归者的困境，尽管这里也因为附近的士绅化获得了足够的公众关注。此外，公园也是这种抗议的历史场所，因此增加了而非降低了其象征的政治价值。

容纳多样兴趣的场所

历史上，纽约引人注目的特点之一是其多元、多民族的人口来源。1910年，在欧洲移民的高峰，城市41%的人口出生于外国，而全国整体人口的这一比例是15%——分别略高于十年前的37%和14%。[62]《源国籍配额法案》和《约翰逊—里德法案》于第二次世界大战前生效，到1950 153 年，纽约人口中出生于外国的比例下降到大约24%，全国则仅有4%。[63]随着1965年歧视性配额体制的废除，家庭重聚成为主要的原则，进入城市的外国人数量再次增长。目前，和芝加哥、费城等其他美国大城市相比，纽约因多样性而突出。例如，20世纪80年代五个行政区内的西语裔人口总数增长了27%，亚裔人口增长的幅度甚至大于100%。[64]实际上，到1990年，没有任何一个种族或族群群体能够形成城市居民的多数，而且其中30%是由移民组成。[65]考虑到这一背景，催生所有族群、无论穷富都能使用的公共空间的持续抗争就毫不奇怪了。

这些创造中最为首要的是中央公园，位于曼哈顿中心第59街和第110街之间，面积达840公顷，为周围道路与街区网格的忙碌喧嚣提供一处安宁的休憩地。推动公园项目的首要观点是重建情感和公民的和谐一致，这是一种在19世纪随着疯狂的商业发展而消失的城市特性。在1830年到1860年之间——基本上是中央公园的想法逐渐成形的时期——纽约大约扩张了三倍，从200 000人增长到800 000人，主要朝向坚利街以北的方向。[66]对于当时的纽约人而言，正如艾里克·侯姆伯格所说，公园远离密集城市街道的骇人混乱、陌生和不确定，也是内战时期精英阶级和来到城市的移民交往的场所。[67]公园也是一种提供都市拥堵之中"可以呼吸的地方"的方式，对于提高公众健康十分必要。1842年纽约市监察长约翰·H. 格里斯科姆就是相信疾病通过瘴气扩散的人之一，并主张通风和呼吸新鲜空气的有益作用。此外，道德情感因素也推动大型公园的建造，其中重要的一点是通过亲近自然得到精神感化，并且教导人们意识到上一代人对于下一代人城市发展和管理的责任。[68]尽管离开阔的乡间很近，20世纪40年代的纽约内部几乎没有任何方便的业余时间活动消遣的场地。不同于广受赞誉的欧洲城市，当时主导纽约的城市动力似乎过于朝向商业化的方向。因此，到19世纪中期，提供公共公园是一个有吸引力的想法，得到了广泛支持，并且和当时主导的社会文化思潮一致。 154

1850年，竞选纽约市长的两个候选人都大力赞成在曼哈顿岛建设一个大型公园，并期待这样做能够带来更为迅猛的城市发展。的确，辉格党人安布罗斯·金斯兰击败民主党候选人费尔南多·伍德之后，迅速宣布了市政当局对这样一个公园的兴趣，尤其是出于城市的北向扩张和适宜娱乐场所的缺乏。[69]这次声明之后不久，两个可能的选址就被提出，每个都赢取了大量支持者，尤其是那些最有可能因为公园附近地区发展而获利的人。这些地区包括位于东河边上的琼斯森林，大约覆盖第66街、第75街和第三大道之间的一大片区域；曼哈顿岛中心甚至还有更大的一块地，位于第39街和哈林河之间。1852年，纽约市政委员会的一个特别委员会提出“中央公园”的建议——第一次提及公园的最终名字——尽管使用琼斯森林的立法提案仍被保留。同时，格里斯科姆提出了第三种解决方案，建议不是修一个，而是修八个甚至十六个小型公园，每个占地100公顷左右。[70]他认为这样的安排既是一个更民主的方案，也是避免投机潮的方式——一个大型中央公园几乎肯定会造成不幸的副作用。尽管有一定理由，他的提案几乎没有被关注，修建大型公园的想法持续发酵，并进一步积攒动力。在两种方案支持者的激烈游说之后，1853年征地建设中央公园的法案正式通过，1854年琼斯森林提案被废除。时任市长的费尔南多·伍德从政治上进一步为这一想法助力，1856年埃格伯特·L. 费勒为委员会调查了公园土地；在这一过程中，他准备了一份初步的公园方案。获取土地的工作耗时费钱，大约花了三年的时间和超过550万美元的费用。1857年，公园项目的主管权从当地政府手中移走，弗雷德里克·劳·奥姆斯特德被任命为中央公园主管人，费勒为主工程师。委员会不满费勒之前的设计提案，最终在1858年组织了设计竞赛，中央公园的建设火热开始。[71]

155

奥姆斯特德和卡尔弗特·沃克斯最终获胜的方案——从大约35个入围方案中胜出——在很多方面都十分杰出。尽管竞赛规定了众多约束条件，包括强调爱国主义的展示、道德说教的景观和文化的符号表达，他们的方案却是一个优雅的、未经删减的解决办法，坚定地避免了其他入围作品的媚俗特点。[72]后来人们冠之以“绿草坪方案”的称呼，这一方案极为罕见地考虑到公园会最终被高强度的城市发展包围，并因此强调未来需求是公园应当遵从的首要标准。在一些地方沉降必要的横向道路到公园下层的天才手法保证了内部道路的连续性和运输道路的保存。此外，边缘成排的树木作为屏障进一步在认知上将公园与外面的城市隔离。这一结果被描述为“令人耳目一新的变化”，离开道路和街区网格的形式重复，处处大胆依赖景观来强化这些本质的区别。奥姆斯特德和在他之前的安德鲁·杰克逊·唐宁一样，坚信中央公园具有软化、调和城市生活粗糙体验，并且提供“适宜全体人口的起居室”的能力。[73]奥姆斯特德和沃克斯坚持城市和乡村的有机合并，他们成功混合了对19世纪后期文化生活至关重要的两种互相竞争的理念——城市的进步主义和对乡村田园牧歌的追求。这一混合的核心是假设享用自然（光、露天、野生动物和景观）是疗治被拥挤的城市剥夺生活的人们的有效方式。简而言之，他们认为一个像中央公园这样的地方可以解决逐步显现的技术进步和自然需求之间的现代性张力。

156

中央公园的建设花了二十年时间完成，包含运输超过10亿卡车的石头、泥土和表土。当时，这个地方是曼哈顿最丑陋和最商业上无用的土地之一，遍布着废弃物、沼泽、棚屋和露出地面的岩石。至少两处定居点需要被迁移：一处爱尔兰裔美国人社区南移，一处非裔美国人社区北移。两个社区都以城市发展和更大的公共利益为名被粗暴处理。尽管如此，除了一笔财产赔偿方案之外，迁移的社会代价也绝非无足轻重。[74]随着时间的推移，公园得到进一步改善。例如，1912年，石子路被铺平，1926年修建了“赫克歇尔”游乐场。20世纪50年代，公园设施回应日益增长、变化的用户需求，较大的建筑元素相应得到添加，例如沃尔曼纪念溜冰场、戴拉寇特剧院和儿童动物园。[75]总体上，如同奥姆斯特德和沃克斯的设想，这处景观多元且感知上十分有趣。一般而言，公园的南半部分呈现田园牧歌式的风景，而北边部分代表着更加粗犷、如画的荒野。正如前面提到的，公园被四条东西向道路（第66街、第81街、第86街和第91街）横穿，跨度超过2.5英里长（从第59街延伸到第110街）、0.5英里宽（与第五大道和中央公园西的第八大道之间的曼哈顿网格相符）。公园包含三块大型水域（大湖、公园水库和哈林湖），以及人工湖、小池塘、贝尔瓦德湖等若干较小的水域。公园中还有许多特别的景观：绵羊草地、大草坪、中央山丘、漫步区、林中空地、北草坪、松城等，都以19世纪浪漫主义花园的典型样式修建。此外，在林荫广场——整齐植满大型树木的壮丽区域——和附近的查尔斯·沃克大露台，人们可以观赏公园中心的美妙景观。

从开园至今，中央公园一直没有辜负其创造者的期望。它是纽约157 各个阶层的人娱乐、散步、一个人静坐或干脆什么也不做的地方。现在，从活动上来讲，这里对几乎每个人都能提供些什么，即兴创作的水平有时达到令人炫目、肆无忌惮的高度。在天气不错的周末，木偶戏玩家、踩高跷的人、吞火者混入拥挤的人群中，尽管奥姆斯特德希望这里也能留存一些独处、自省和崇高反思的空间。除了公园管理不佳、安保松懈的时期，对于公园的全民使用是不受妨碍、不受限制的。公园显然足够大、足够多元，能轻易容纳多元化的兴趣。公园道德说教的影响，在19世纪的构想中如此重要，也仍然完好无损——尽管以更随意的形式。尽管如此，在林荫广场漫步时，一个人会更加自觉地展现出积极的姿态和步伐。一种毫无疑问的特定的端庄稳重感似乎降临到观看小池塘上帆船的人身上。愉快游玩但同时保持良好行为的感觉经常在公园使用者身上汇聚。这不同于在街区内游戏或在屋顶休憩。这完全是另一种场所，在一个更高的公民水平上。

借用一句由来已久的俗语，穿上人们“礼拜日最好的衣服”通常意味着对于一个时代风尚和礼仪一定程度上的遵从，不过作为一种整体的公民导向，这也可以产生长久的积极作用。正如我们看到的，苏豪区豪华的铸铁结构以及甚至是廉价公寓也具有的比例协调的立面，在其最初居民离开这里搬到上城或城外之后，也长久地因为其公民价值而被认可。中央公园也十分壮丽，这样的公民存在超越了日常游戏中更为随意的环境。但作为一个人们前往的场所，中央公园同样包容万象。公园使用者明显的持续保守并与周围环境保持一致的愿望，在所有这些场所都存在，似乎是它们的公民特性和最终价值的关键部分。此外，这里尤为深刻的聚焦作用，或者说这些保守和一致趋势所具有的文化焦点，也无疑是一个关键因素。容纳、推动人类活动差异的同时，这里也存在可认知的限制。保守和一致通常有利于，或来自强迫性的、精心界定的观念。158 这通常意味着停滞感，从这一角度可以引发一定量的宣传教育。“这对你是好的”，奥姆斯特德的中央公园的象征性、表现性领域似乎传达着这一消息。此外，“曾经好的总是好的”这一观点也可以从中得出。

从公民领域持续创造的更为动态的立场，曼哈顿道路、街区和公园的网格也是尤为引人注目的场所。首先，它的公民现实的透明度不亚于任何其他方面，包括那些毫无疑问是积极的方面和那些不幸缺少的方面。例如，将国家和公民社会中的实体结合在一起的过程的后果，显然从居住在顶层豪华公寓的富人和居住在底层人行道的无家可归者的区别中清楚体现，网格中其他各个部分差异性极大的社区亦然。此外，在国家与公民社会诸多实体之间，表达出社会经济和文化交易过程的物质与空间后果也显而易见，既然物质环境扮演这些交易的起点的角色。特别是三个宽泛的过程尤为突出：通过扩张、继承或士绅化挪用空间；通过角色扮演、不参与或甚至反抗官方版本的空间；以及通过寻找共同点容纳人群和群体之间的不同。自始至终，网格的作用保持轻微的自相矛盾。一方面，相对的统一和缺少具体特征提供了较为不受阻碍的（尽管有部分的组织性）人类互动的场域。另一方面，正是发展的一些强烈和地方化的阶段形塑了城市随后的社会和文化地理的真实骨架。毕竟，异质性的群体并不寻找平展的、没有特色的平面，而是寻找用来生活的多样的、特别的领地。最终，不能将所有网格布局总结为拥有同样的特点——远非如此；首先，网格的几何是奇特的。正如前文提到过的，曼哈顿网格的狭窄推动了外向朝向街道的活动，而其长度实际上要求街区几乎不顾其规模的多重发展。更重要的是，纽约和曼哈顿是独特的历史产物，其空间和时机使它不同于任何一个别的地方。 159

随着你走向第72街上的公园入口，西大道看上去十分拥挤。赫克托的胳膊在身边优雅地摆动，他冲上前去，朝这边那边滑行，超越一个溜旱冰者，然后又超过一个。他喜欢溜冰时流畅的光滑感，这种兴奋，这种空间和所有其他人在身边的感觉，这名气！“在第六大道上没有比这更好的了。”他自言自语。紧接着，忽然他面前的盎格鲁小孩开始朝后倒，她挣扎着努力保持平衡，脚步越来越快地移动。意识到将要发生什么，赫克托几乎反射般地冲过去，拦腰抓住了她把她扶起，微笑着看着她惊吓的神情。“嘿，太谢谢了。”不到一秒钟的时间，蓝道尔也赶到玛莎身边，朝他大喊道。“没关系。不是大问题，兄弟！”赫克托向后退，又迅速向前滑去，“注意安全！”

——彼得·克莱内沃尔夫，《东西与中心》

第五章　空间意义的表达与构成

自上午开始笼罩着整座城市诡异的寂静突然被头顶喷气式战斗机的轰鸣声打破。飞机向市中心俯冲而去。附近的居民，尤其是非正规军人，远望着大门紧闭的军营，等待着，还没有从这次意料之外的空袭中缓过神来。随着飞机的蒸汽尾迹逐渐消失在地平线上，紧接着传来一声巨大的爆炸声。“哦，不！不要炸桥！”米洛什突然恐惧地叫出声。“混账！他们怎么可以炸了桥！”

普列舍伦广场一如过去，遇到类似情况总是挤满了人。饮酒狂欢者沿着堤岸呕吐秽物，他们随身携带的灯火倒成为额外的节日装饰，与泛着红色、白色和蓝色的灯光交相辉映。“你为什么认为坦克就那样开走了？”玛丽安不解地问丈夫。“他们很可能觉得它根本没有攻击的价值，”阿莱斯回答，“至少大家都是这么认为的。”“不管怎样，这真是太令人欣慰了，”玛丽安停顿了一下继续道，“无法想象如果它们继续留下来会发生什么。”她一边说着，一边指着前方静静流淌的河流。

——塔比·拉塞勒，《莫斯托维·托戈维》 165

本书的第二章和第三章已经清楚地呈现公民现实主义作品可以通过不同的方式来表现其对于日常生活的关注和使人高尚的能力，且这一论断似乎普遍适用于同一或不同的时间和地点。以巴塞罗那的加泰罗尼亚国家广场为例，其极简抽象主义的外观全然不同于当地约在同一时代建造的传统公共场所，也与罗马城中那些受本土民间传统启发而兴建的同样现代化的公共项目存在本质上的区别。

这些差异的源头乃症结之所在，也是亟待我们回答的真正问题：即便是在最有利的条件下，建筑和城市规划又能在多大程度上准确无误地表达社会政治理念或者对公共行为模式的偏好。第一，城市建筑表现是一套精确的符号系统，但它的相对任意性却致使在本学科的自主领域之外的建筑难以表达意义。第二，特定的社会政治背景与相关的文化产业之间总是存在暂时性的断层。一方面，比之公共城市建筑项目成型时所处的社会经济和政治环境，建筑本身的存在通常更为持久，因而它难以确实地反映瞬时的政治活动。若执意探讨建筑符号的整体任意性将致使无法向外界传达意义，甚至显得不太合理。终究说来，我们确实有努力去解决即使不是更广范围的文化范畴也至少是大部分城市功能性范畴极其缺乏引导的问题。事实上，如果条件允许，在大一统的社会政治思想和公共项目的表现形式之间存在合理的一致性，即便前者充斥着与时俱进的道德论调。

新兴民族国家斯洛文尼亚首都卢布尔雅那所处的内战时期就恰巧符合条件，也就在那时，土生土长的建筑师约热·普雷契尼克对这座城166 市进行了大规模的改造。撇开其他不谈，他的规划彰显出，对整个社会而言，城市建筑既是更为宏观的公民项目必不可少的组成部分，也是其重要的表现形式。尤其是回溯历史，除了为了纯粹的再现，任何在实践层面和知识层面将城市建筑表现和社会政治经验相割裂的行为似乎都是特别不适宜的。普雷契尼克的作品以及他对卢布尔雅那公共基础设施的改造明确了公共生活的公民基调，并在接下来的年月里为斯洛文尼亚文化自治的确立和颂扬做出贡献。事实上，伴随着地方主义甚至是民族主义意识的觉醒，我们似乎清楚地认识到建筑立马被赋予这些表现形式上以及构成上的公民取向。诚然现代的巴黎和当下的巴塞罗那也是如此，不过斯洛文尼亚和普雷契尼克的卢布尔雅那所经历的发展历程是史无前例的，所以也是最令人感兴趣的。

地方主义与城市规划

19世纪末到20世纪初正值南部斯拉夫地区对奥匈帝国二元统治霸权频繁施加压力，争取地方独立和统一的时期。[1]至少直至1870年，成立南斯拉夫的想法尽管还不坚定但已确实存在，许多在19世纪80年代形成的现代政党试图集结众意抵抗霸权。1903年迎来了新一轮的国内危机，当奥匈帝国在1908年将波斯尼亚—黑塞哥维亚（波黑）纳入版图之后，二元统治下的社会格局进一步恶化。到1912年，拥护南斯拉夫独立的革命活动盛行，包括学生罢课、工人罢工以及公开表达以暴力解体帝制国家的主张。当斐迪南大公于1914年在萨拉热窝遭刺杀身亡后，奥匈帝国决定攻打塞尔维亚。虽然最终战役以失败告终，但随即西方世界的大部分国家都被卷入了第一次世界大战。约四年后，当协约国和塞尔维亚军队突破敌方防线，向南部进发时，奥匈帝国对斯拉夫北部的政治统治最终解体。与此同时，克罗地亚人、塞尔维亚人和斯洛文尼亚人的代表在萨格勒布组建了全国委员会，1918年12月1日标志着南斯拉夫的统一和独立。

167

塞尔维亚王室成员亚历山大·卡拉乔尔杰维奇宣告塞尔维亚—克罗地亚—斯洛文尼亚王国的建立，并担任其父国王彼得一世的摄政王。[2]最早在1919年，美利坚合众国第一个承认王国的主权，不久国际社会的认可纷至沓来。然而直到1924年，新王国的边界才确定，主要是因为在西部与意大利的边境争端延迟了决议。卡伦西亚，西北部一块主要由斯洛文尼亚人居住的区域，在协约国主导下经全民公投后加入奥地利。简言之，新的国家最终由至少五个不同的部分组成：塞尔维亚共和国与黑山共和国，以及除卡伦西亚之外奥地利和伊斯特拉半岛的斯洛文尼亚人聚居地；之前在匈牙利统治下的克罗地亚—斯洛文尼亚；其他一些本隶属于匈牙利的地区，包括伏伊伏丁那和东斯洛文尼亚；还有不久前被奥匈帝国吞并的共辖地波斯尼亚—黑塞哥维亚纳。

当时新兴的南斯拉夫以两个革命性原则为建国基础：人民的自主决定权和耕者有其田。尽管有着崇高的理想和大规模的农业改革，但是南斯拉夫的大部分地区在之后一段时期内仍然处于混乱无序且经济欠发达的状态。[3]南斯拉夫幅员辽阔却仅有两百万人口，主因是从1912年到1918年不曾间断的战争致使人口减少。许多地区的经济停滞不前或紊乱无序，耕者有其田也只是人们脑海中的革命理念。严重损毁的都市区、失业、通胀以及食物和住所的极度短缺也造成了在国家的大部分区域私有化举步维艰。令人遗憾的是，农业改革，尤其对于北部省份的大庄园来说，尽管是社会所渴望的，也是政治上不可避免的举措，却被质疑缺乏经济价值，可能导致农田面积过小而无法使用现代化的农业技术提高其产量。[4]

168

第一次立宪会议普选于1919年11月28日举行，有65%的选民参与投票，从多个政党中选举产生超过400名代表。[5]选举结果并没有出现明显的一党独大，主要由塞尔维亚激进党、民主党和穆斯林组织共同组成临时政府，坚决支持以君主立宪制为核心的高度集权制统一。激进党的大本营在塞尔维亚，尤其在农民中有良好的群众基础。尽管与19世纪末相比，自1903年以来激进党人在政见上不再那么激进，但它依然是最强大的单一且大体上同质的政治力量。相反，民主党代表着来自国家不同地区的南斯拉夫人的利益，粗略来说，包括城市知识分子、斯洛文尼亚自由党人，持不同政见的年轻激进党人和克罗地亚—塞尔维亚联盟党人。他们都不约而同地拒绝考虑宗教的、省级的和其他教派的权益。在野党则主要是克罗地亚农民党和共产党的联盟。党如其名，农民党有极强的克罗地亚人意识，成员大多来自克罗地亚。而共产党人，像民主党人一样，代表来自南斯拉夫各地区人民的利益，极力推崇建立联邦制这一共和政体。

当争端、冲突，甚至抵制活动愈演愈烈之时，立宪会议在1921年6月28日通过了所谓的《维多夫丹宪法》。最终，民主党、激进党和其他政党合力制定选举法和建立以省级比例代表制、男性公民普选权、自由选举为基础以及名义上受塞尔维亚卡拉乔尔杰维奇家族亚历山大亲王领导的君主立宪制。简言之，1921年通过的宪法是中央集权制、集权主义者和塞尔维亚政治传统的胜利。通过授予省级长官和次级长官权力，地方政府也对中央有说明义务。[6]

1921年7月国王彼得一世去世，亚历山大继承王位。在随后每两年举行一次的大选中，帕西奇所领导的激进党试图与其他各党联盟，主掌政府。[7]一系列的恐怖主义活动及暗杀，尤其在1921年，激化了公众对共产党强烈的抵触情绪。在1922年间，政府的制裁几乎将共产党逼入绝境。总的来说，城市知识分子不再与农民为伍，也与其他农村利益集团分道扬镳。而在任何可行的地方，省级优势被效仿，进而导致利益集团在政治观点上的妥协和反转。继帕西奇之后，在1927年竞选中险胜的武基切维奇政府执政期间，全国范围的动乱爆发。有两位克罗地亚议员遭枪击身亡，另有三人受伤，其中就包括在野党克罗地亚农民党领袖拉迪奇，之后更因伤重不治身亡。在1929年1月6日，南斯拉夫仍处于无政府和混乱的状态，国王亚历山大一世于当天决定解散议会，自此国家进入独裁时期。亚历山大此举是出于对国家的赤诚，他更像是一名讨厌政客、对塞尔维亚和克罗地亚的特权失去耐心，并对大部分政党的短视倍感失望的士兵。

169

意料之中的是，国王亚历山大一世和他所任命的政府延续以往议会多数派所推行的中央集权化政策，而在许多克罗地亚人看来这项南斯拉夫民族主义工程是更高效的塞尔维亚中心主义。[8]在国家的其他地方，对皇室政变的非议并不多，人们普遍认为这是为了维持公民秩序的表象所必须经历的短暂过渡。事实上，到1931年的夏天，国王自己都认为他凌驾于议会之上的统治已经持续得太久了。新的宪法由两院制议会共同起草，参议院大多数由国王任命，众议院由男性投票选举产生。尽管如此，国王仍然保有任命所有政府部长的权力。

随着经济日益衰败，遭遇大萧条的南斯拉夫国内爆发了民间暴动。在1932年到1936年的银行业危机期间，南斯拉夫的货币第纳尔大幅贬值，接连的严冬更使得国家再次陷入严重的食品短缺。[9]此外，与意大利和匈牙利的外交关系恶化，迫使南斯拉夫与法国结盟。不久后，也就是 170 在1934年10月，国王亚历山大一世在马赛被克罗地亚起义运动组织乌斯塔沙的成员暗杀身亡，随即保罗亲王摄政。保罗亲王忠于他的家族和旧有的主张，沿用亚历山大一世的政策，但在当时不主张实行众人所反对的被广泛认定是掩饰的极权主义和虚假的代表制。在塞尔维亚激进党、斯洛文尼亚人民党和穆斯林组织合并为南斯拉夫激进党联盟后的政府调整和经济复苏的双重作用下，国内局势稍有缓和。[10]然而，到了1936年初，南斯拉夫越来越依赖于德国这一贸易和外汇的主要来源。1937年，南斯拉夫与意大利的贸易协定中止，进一步向新兴欧洲轴心国靠拢，1941年签订的三方协议尤为凸显这一意图。最终，在1941年3月25日，一场不流血的政变推翻了政府和有名无实的国王彼得二世，当时他尚未成年。因南斯拉夫掉转船头背离轴心国而勃然大怒的希特勒，联合意大利和匈牙利，于1941年4月6日挥军南斯拉夫，直至1945年残酷的侵略才结束。在第二次世界大战中死去的近175万南斯拉夫人中，超过一半是死于同胞之手，等同于一场内战。[11]在积年累月的战争之后，铁托率领的共产党起义军占据上风，建立了全新的政府秩序。

纵观内战始末，南斯拉夫极力维持国内社会的稳定，并推进现代化进程。到底是走中央集权的一党制统一之路还是转向联邦主义的两党制立场，一直争论不休。[12]具体来说，这场争论和后来的公开冲突使塞尔维亚和克罗地亚的政治传统之间产生激烈的碰撞，最终还是前者赢得更多支持，尽管牺牲了国家的统一。自1918年起，大范围的土地改革将国家的重建引向积极的方向，却仍然因为面对迅速崛起的地方性利益和民族国家不同区域在社会经济水平上存在的巨大差异而举步维艰。例如， 171 全国的文盲率在1919年约为51%，直至1941年，这一比率只略有下降，为40%左右。[13]无论是哪个就业部门，实际收入都较战前水平有所下滑。以农民为例，收入的降幅约为32%，公共部门的从业人员收入下降了近45%。[14]从其他发达欧洲经济体的现代化角度，南斯拉夫没能在国内创造大量的民间资本供应，因而过分依赖于国外资本的输入和公共部门的国家垄断。在实现国家真正统一的道路上毫无进展，与此同时，两种资本依凭渐渐被证明会导致严重的社会问题，可以说上述两点致使南斯拉夫原本完整的社会沦为被占领和受他国控制的状态。

斯洛文尼亚省或斯洛文尼亚共和国是上述事件积极的参与者，与其他南斯拉夫人一同实现抱负并承担后果，却也略有不同。斯洛文尼亚的民族主义在更早之前，也就是在拿破仑·波拿巴占领的1809年至1813年间被唤醒，催生了当地以伊特鲁立亚人为先祖的斯洛文尼亚文化传统，所谓的法国伊利亚人理想。[15]这也反过来普遍促进了斯洛文尼亚在语言、文学、教育和文化生活上的发展，特别是省会城市卢布尔雅那。不过，随后由于经济和文化上的加速"德国化"，以及哈布斯堡王朝和二元君主制相继登上政治舞台，这一民族意识再次陷入沉寂。作为曾经谨慎的少数群体，相较于彻底的独立，斯洛文尼亚人更支持三元论，或者也可以说是更支持成为奥地利封建王朝的一个半自治国家的观点。[16]然而，这一政治倾向在第一次世界大战爆发后迅速地且适时地发生了改变，当时所提出的建立南斯拉夫的方案似乎能让斯洛文尼亚人更加自由，不必再受以德国思维行事的奥地利人的统治。

于王国初创后在试图追求南斯拉夫统一和重建的诸多尝试中，斯洛文尼亚人乐于承担政府责任，尽管考虑到民族统一，他们倾向于与克罗地亚人结盟支持联邦主义和两党制的立场。虽然不似南部的近邻那么教条主义，但斯洛文尼亚人寻求一条折中的道路，在保留南斯拉夫这一理念的同时，主张他们对斯洛文尼亚民族主义的诉求。[17]历经第二次世界大战和内战的洗礼，遭受德国、意大利和匈牙利等侵略者的统治与残酷镇压，他们与其他南斯拉夫人共荣辱，同命运。就如卢布尔雅那，在1941年4月11日被意大利占领，时任意大利外长的齐亚诺伯爵试图抹去斯洛文尼亚人的身份，将卢布尔雅那及其周边划归意大利的卢布尔雅那省。[18]在1942年，所有的斯洛文尼亚组织立即被勒令解散，在各级学校教授意大利语，整座城市完全被带刺的铁丝网、掩体和边防检查站层层封锁。[19]在1943年意大利最终签署停战协议之后，德国继续着对斯洛文尼亚的占领，直至同盟国及其联盟在1945年彻底解放其城市和乡村。

172

在许多其他重要的方面，特别是卢布尔雅那的迅猛发展和普雷契尼克最终产生的影响，斯洛文尼亚都有别于其他南斯拉夫省份和试图成为民族国家的地区。以人口为例，较其他省份，斯洛文尼亚的人口少且同质性高：在1921年，南斯拉夫共有1 200万人口，斯洛文尼亚约有100万。[20]历史上，斯洛文尼亚位于信奉天主教的欧洲西部，故而长达数世纪之久的东西之分从根本上将现在的南斯拉夫分割开来。德国有极其强大的影响力，几乎在整个19世纪（至少到1918年之前），德国无论在行政上还是商业上都占据西部阵营的首位。人口上，斯洛文尼亚的人口也不同于其他南斯拉夫省，在南部地区尤甚。1939年，该地区的人口自然增长率为9.9‰，当年国家的平均增长率为11.0‰，波斯尼亚更是高达20.2‰。[21]毗邻克罗地亚，导致斯洛文尼亚的人口变化与西欧的其他地区更趋于一致。

经济上，斯洛文尼亚与其他省份之间的区别就更为明显。其实，在173 第二次世界大战伊始，现实的结构差异就开始显现，尤其是当工业和农业的发展水平达到相对平衡的状态时。斯洛文尼亚享有得天独厚的自然资源，这个只拥有全国总人口不到10%的省份却在1918年主持着全国近1/4的工业开发。[22]农业就业状况尽管在斯洛文尼亚也很重要，却不似其他地区那么举足轻重，且其农地总面积和产量也更大，直至内战期间全国推行在经济上不甚合理的农业改革之后，情况才有所改变。轴心国占领之初，粗略计算，斯洛文尼亚27%的国民生产总值（GNP）来自农业，工业占37%，包括服务部门在内的其他行业占36%。与之相比，南斯拉夫全国的各类占比分别为农业占41%，工业占25%，其他经济活动占34%。在经济欠发达的伏伊伏丁那省，农业占到整整61%，工业和其他生产总值只占到17%和22%。[23]更惊人的是当时斯洛文尼亚人的人均收入高于全国平均水平63%，比排名第二的克罗地亚省高出50%。[24]无论是统计数据还是现实情况都足以反映斯洛文尼亚的工业和经济发展水平及类型都已然与更发达的国家持平。举例来说，在内战期间，克拉尼和卢布尔雅那之间的高速公路与斯洛文尼亚的第一家航空公司已经成立。毫无疑问，这部分归功于德国在技术和相关经济领域的影响。尽管如此，它仍然与南斯拉夫别的农业区和欠发达地区形成鲜明的对比。

根据上述对斯洛文尼亚经济发展的概述以及大量私人资本的出现，可以预见，与大部分将政府垄断当作习惯而非例外的民族相比，其公民社会的组织结构更为完善。商业银行和储蓄银行蓬勃发展，在卢布尔雅那的势头尤盛，不禁让人想起1650年后的巴洛克时期曾有过的经济增长和贸易繁荣。合作经济体系也在斯洛文尼亚天主教人民党的努力下得以建立，它旨在为人们提供互助的平台，特别关注工人和有地农民的生活改善。以合作储蓄银行和信用合作社为例，截至1938年已经有500家之多，近156 000用户。[25]同样在内战阶段，消费者和生产者合作组织也试图打破德国在贸易和工业品方面的垄断。斯洛文尼亚大学于1919年在卢布尔雅那创立，同期建成的还有国家美术馆、各类博物馆、国家图书馆（也是斯洛文尼亚大学的图书馆），广播电台也转而用斯洛文尼亚语播报。现代公民社会的其他特征在斯洛文尼亚也逐渐显现。以新建住宅区为例，开始出现空间区隔的倾向，工人居住区多在类似罗兹纳多里那的地方，而新兴的白领阶层则多居住于米耶和新普鲁勒地区。

174

带领大部分这些活动和唤醒斯洛文尼亚民族主义的核心力量是罗马天主教会。根据传统，尤其是在19世纪加速德国化的时期，斯洛文尼亚的民族领袖和教育工作者都是神职人员。尽管斯洛文尼亚绝不是新南斯拉夫唯一信奉天主教的地区，但在这里，神职人员的影响力和反共产主义的主张以异乎寻常的方式昭告天下。占支配地位的斯洛文尼亚人民党成立于1905年，大部分成员来自过去的天主教政治协会，如他们所言，该党旨在为斯洛文尼亚天主教徒进行的各种形式的文化、教育、宗教和经济活动提供必要的庇护所。[26]在20世纪20年代议会执政时期接连举行的选举中，斯洛文尼亚人民党不断提高其在斯洛文尼亚选民中所占的比例，从原来的36%上升至60%。此外，自1923年以来，该党一直掌握着绝对多数选民的选票。[27]

第二次世界大战后，斯洛文尼亚境内掀起的检举激进共产主义者的热潮，成为天主教和斯洛文尼亚地方主义与众不同之处的更进一步标志。在内战所遗留下的问题以及对国家意识形态控制权的争夺中，当地遭受的较严重的打击是较大规模反共产主义斯洛文尼亚人脱离民族主义者阵线，而国民自卫队聚集在斯洛文尼亚的卢布尔雅那附近。此地恰恰是国民收入最重要的来源，而鉴于其地理位置和历史渊源，斯洛文尼亚最难以抵挡西方的影响，至少共产党人是这么认为的。

在内战期间，斯洛文尼亚的公民社会聚集在省会城市卢布尔雅那及其周边，当时该城市人口已达到约40 000人。不难理解，驱使斯洛文尼亚经济在20世纪20年代和30年代得到充分发展的经济腾飞结果从本质上改造了这座城市的特征。1895年摧毁城镇的大地震也赋予城市重建以更广阔的机遇。与此同时，由于剩余小片的改良地很快被占据，制订新城开发的计划和向外的城市扩张势在必行。[28]

地震所造成的创伤是促使人们开始以现代化欧洲城市的标准对卢布尔雅那进行长远规划的最初也可能是首要的推动力。彼时该市首位斯洛文尼亚市长伊万·赫里巴尔邀请著名的建筑师来参与规划。其中最优秀的两个作品分别出自卡米洛·西特和马克斯·法比亚尼之手。西特的设计严格按照他在自己的著作《根据艺术原则建设城市》中所陈述的城市规划审美原则，在提交设计稿时他一并附上了书的复本。基本上，西特的方案重视并强化卢布尔雅那的传统住宅，包括早期罗马城的艾摩那遗迹、城堡山周围的中世纪街道、巴洛克时期的部分遗迹、18世纪和19世纪地区干道边的居住区。[29]只要有可能，现存范本的设计理念就会成为邻近区域开发的基础。方案中也描画了数处可远眺城堡的主景点，至今仍是城市景观最为人们所津津乐道的特点。

法比亚尼与耶格合作完成的规划也同样考虑到卢布尔雅那古老和著名的区域，但截然不同的是他们聚焦于普列舍伦广场（或名圣玛利亚广场）以及通往北部贝日格勒区的网格化街道和分块土地，为新区开发服务。[30]法比亚尼方案最突出的特点无疑是环城公路的理念，其原型是著名的维也纳环城大道。除此之外，规划中还加入两条重要的南北向街道：米克洛什切瓦从圣玛利亚广场通向北部，与之相平行的普雷斯诺瓦则进一步向西延伸。米克洛什切瓦成为火车站周边开发的轴线，而普雷斯诺瓦带动了城市高质量住宅区和办公区的全面崛起。沿着两条街道，坐落着几处正规的广场，充作重要组织机构的背景。在1902年到1906年间，法比亚尼更自行设计了数座带有分离派风格（新艺术）的塔形建筑来标示米克洛什切瓦街上马可夫广场的拐角。不少其他建筑师，比如西里尔·梅托迪·科赫和弗里德里·西格蒙德，他们同样也为现代卢布尔雅那的规划和开发出谋划策，此项工程已然是集体智慧的结晶。[31]实际上，科赫的方案试图综合现有的多个主题，呈现当局政府愿意遵循的城市整体发展方向。

1913年的晚些时候，阿尔弗雷德·凯勒开始重塑卢布亚那河的河岸。水道向平坦且地势较低的区域延伸，实际将当时大部分的卢布尔雅那一分为二，右岸或者称之为东岸多为古老的中世纪城区，在城堡山附近。较后期开发的区域都位于左岸或西岸。[32]尽管卢布亚那河在防御和交通方面扮演着重要的历史角色，也是食物来源之一，但它及其上游支流——格拉达什契察河无论是径流量还是径流期都不太稳定。18世纪由于其径流量太大，不得不在城堡山东侧开凿格鲁伯水道来缓解长久以来的洪灾威胁。

1921年，在建筑师伊万·威尔尼克的邀约下，约热·普雷契尼克来到斯洛文尼亚担任新成立的卢布尔雅那大学建筑学院的院长，实际上他也成了这座城市的建设者。不久之后，他便开始为卢布尔雅那量身定做更明确的规划方案。普雷契尼克一共准备了两套草案，分别在1928年和1943年完成。[33]两套草案都或多或少地采纳之前颇具才干的设计者所提出的理念。比如，他显然参照科赫所绘的卢布尔雅那地图来进行规划，这是早前他回家探亲时购买的地图复本。而在主街道的布局、协调的广场设计、视觉的多样性、街道的规模以及聚焦的景观等方面，都显然能分别看到法比尼亚和西特的影子。

177

不过，除了对前作的综合之外，普雷契尼克独一无二的贡献在于创造了一条地轴和一条水轴，并对北部的贝日格勒区进行大范围的城区扩建。[34]地轴有效地向南延伸到米克洛什切瓦街，贯穿普列舍伦广场，顺着先前老城区的韦戈瓦街，越过格拉达什契察河支流直到特尔诺沃的住宅区。水轴将原先实用的混凝土水道以及凯勒提议建造的用以应对卢布亚那河及格拉达什契察河径流量骤增的防洪设施改造为贯穿整座城市的水利枢纽和特别适宜居住的场所。在普雷契尼克的总体规划中，他还计划建造至少三座越河设施，极大地提升可及性并有效地补充三条大致垂直于地轴和水轴的横轴。最后，向北扩展城区的计划主要基于当时盛行的田园城市原则，拟定的扩建区域呈扇形，设有绿化带并为将来的居住区开发预留大片土地。

根据历史经验，人们只能推断在南斯拉夫和斯洛文尼亚民族主义同时缺失的情况下，卢布尔雅那的城市规划可能会发生什么变数。显然，当斯洛文尼亚人和其他南斯拉夫人尚处于奥匈二元君主国的统治之下时，人们就开始尝试城市规划。不过，当规划在20世纪后期开始真正地形塑城市时，政治上的反对以及最大限度地谋求地方自主性的意识变得极其普遍。当然等普雷契尼克来到卢布尔雅那之时，南斯拉夫已经成立，而斯洛文尼亚虽然在政治上从属于贝尔格莱德的中央政府，却迅速地形成有别于其他地区的社会经济形态和文化特征。只是经济上的繁荣并不足以创造出程序性机遇从而推动规划的进程，卢布尔雅那就是最好的例子，全国性组织的发展也是不可或缺的因素。此外，如此意志坚定并满怀热情地打造相对有条有理的城市新形象这一举动本身就标志着斯洛文尼亚人已普遍意识到当代的民族命运。

178

确立民族的或地域的认同感势必会涉及政治、社会和文化特征的差异化过程。有时是语言，在另一些情况下是地理位置，还有一些则因为共享同一段历史而区别于其他。通常来说，上述所有因素都会发挥作用，斯洛文尼亚就是如此。一旦确立，这种认同感会极速转化为强大的凝聚力，使国家与公民社会在公民领域这一问题上的互动更为明晰。到最后，认同感就是一个由政治和文化信息构成的复杂体，通过各种各样的表现工具来加以传达，建筑、城市的物理布局以及公民空间只是其中的几种工具。时常参与这一类的规划（特别是有关公共建筑的）是试图通过建筑的大小、规模、构图以及象征手法来激发人们对新兴的地区或民族事态的赞同，同时也借天赋的权威和历史源起之由为身份的区分正名。因此，建筑作为人们在情感上以及理性上认同地区或民族身份和权力的标志，扮演着十分重要的角色。

普雷契尼克的卢布尔雅那水轴

在所有普雷契尼克关于卢布尔雅那的规划及其所做出的建筑贡献中，水轴和他对卢布亚那河及格拉达什契察河支流上的基础设施所进行的改良是最合乎逻辑也是最负盛名的，在强化斯洛文尼亚人身份认同感的同时，也体现了这座城市的风度。如前所述，在普雷契尼克的构想中，卢布亚那河是整个规划的基础。更确切地说，他将整条河流视为一条将场所和空间体验串起来的时间线，使右岸老旧的中世纪小镇与左岸的新建城区融为一体。显然，他反对凯勒出于实用的防洪目的而在河底铺设混凝土水道的方案，这将极大地阻碍城市的开发和可及性。[35]公平来讲，自中世纪以来，卢布亚那河绵长的河道左岸皆是砌起的墙面，俨然就是城市的防御屏障。不过，科赫与普雷契尼克的想法一致，他显然更欣赏对环境进行现代化的改造，在他评论自己绘制的卢布尔雅那地图不恰当地以河为分界线时恰巧反映了这一观点。普雷契尼克也同样有打算清理和整治格拉达什契察河，在1913年城市建筑管理办公室已经拟订治理方案。[36]普雷契尼克无意于将卢布亚那河改造成一条狭窄的水道，他转而提议建造一座田园自然风格的带形公园，突出和烘托周边街区平和且相对随意的居住特点。 180

铭记上述规划的总体目标——整合城市的各个区块，使新的开发计划与周边的环境相协调，抓住将一个基础设施建设工程变为市政里程碑的机会，普雷契尼克开始着手设计并对河流上及河岸边的各类设施进行改造。总体上，至少涉及6个主要的工程，组成如今看来的一连串公共事件。[37]它们分别是：修筑格拉达什契察河两旁的河堤和特尔沃诺桥（1929—1932），修建横跨卢布亚那河之上的鞋匠桥（1931—1932）和三重桥（1931—1932），修筑卢布亚那河两旁的河堤（1932—1940），兴建位于河左岸的市场(1939—1942)和在卢布亚那河的下游建造水闸门(1939—1943)。规划中还有数座横跨卢布亚那河的大桥,其中就包括未被建造的通向市集的屠夫桥。这一系列的改造还至少包括在上游的格拉达什契察河支流之上建造普鲁勒桥,它将有着长而宽阔的石阶和通往卢布亚那河一侧的平台,在与之平行的街道两侧将栽种矮树篱和乔木,美化周边的景致。

在普雷契尼克有关田园带形公园的整体设想中,格拉达什契察河的181 河堤平缓地向下延伸至水道,两边随风起伏的草坪恰好与被混凝土包裹的线型河床形成强烈的反差。带形公园的外围被成排的乔木和树篱所覆盖,顺着河流,还将加入数处平台或者"洗涤场所"。在那些位置的河岸边将有着比较固定的建筑特点,有一堵垂直的墙面和在街面竖起的围栏,墙体有弧形的门,顺着石阶向下可来到石台,便于人们洗涤衣物。整个平台的构成在河的两侧是对称的,只有在大小和装饰石料所摆放的位置上略有差异。特尔诺沃桥是一连串城市改造中重要的交叉点,与卡卢诺瓦街尾的特尔沃诺区教堂在同一轴线上,有效地贯通邻近特尔诺沃和克拉科沃的住宅区。桥梁本身就有一个宽阔的平台,大体上是正方形的,由下方的石拱支撑。桥边是一条遍植白桦树的林荫道,故意模糊桥梁的特点,同时还在角落加入锥形的元素和非写实的瓶饰元素,例如栏杆。位于桥中央一侧的是施洗约翰的雕塑,另一侧是细长的金字塔,据说是用来纪念齐加·佐伊斯男爵。在18世纪和19世纪初,他是斯洛文尼亚语和民族文化利益的拥护者及传播者。[38]"双重解读",也就是每个人都可以从地面以下和地面两个角度来审视桥梁,成为大部分普雷契尼克的河流工程都具备的特点。最后,柳树荫下宽阔的曲线型露台俨然就是大小合宜的栈桥,更是格拉达什契察河支流与卢布亚那河的交汇处。

依序,鞋匠桥位于已建的圣雅各桥的下游,连接卢布亚那河左岸与东/右岸的波特兰科街,而普雷契尼克也对圣雅各桥周围的部分设施进行了修葺。建于1867年的赫拉德茨基桥曾先后是屠夫和修鞋匠的聚居地。在其旧址上,普雷契尼克架设了一座约两个广场宽度的桥梁,事实182 上就是一座悬于河面之上且边界分明的城市广场。桥两端相对宽而短的街道进一步烘托空间体验的壮丽之感，而如今随处可见的路桩和水泥盆更是将其装点成一个公共休闲广场。若站在稍远一些的河堤上，可以十分清晰地看到与特尔沃诺桥相类似的双重结构，整座桥就好像一块被直接扔向河对岸的轻木板，在中间还有细长的桥柱作为支撑。在桥的两侧有六根科林斯柱作为装饰，每根柱上都带有圆球，桥的中央竖立着两根爱奥尼亚柱，柱顶有圆柱形的照明灯。和特尔沃诺桥一样，鞋匠桥的栏杆数量众多且装饰精美，而整体的立柱布局，辅以同种类的钢筋混凝土和石料，进一步在桥面的平台之上营造出强烈的场所感。其实，在普雷契尼克早期的设计图中，立柱原本是用来支撑桥顶的，有些类似帕拉第奥所设计的位于巴萨诺的廊桥。[39]然而，受限于20世纪30年代的财政状况，政府无力承担附加的建设费用。

位于卢布亚那河更下游的三重桥，其设计初衷是取代原先由弗朗西斯科·卡莫洛在1842年所建石桥的又一座拥有宽阔平台的桥体。[40]然而，总是对情境有着独到见解和怀揣敬畏之心的普雷契尼克还是改变了主意，在桥的每一边增加两条人行道以克服卡莫洛桥交通承载量不足的问题。这一极其巧妙的设计方案也使普雷契尼克对西岸的普列舍伦广场的改造做出建设性的贡献，同时将他基本的建筑理念从城市的一边传递到另一边。将新的人行天桥向普列舍伦广场的方向铺陈开，打造出流畅优美的漏斗形空间效果，让众人不禁想到这座广场曾经是重要的门户和古老的中世纪城区前热闹非凡的商业区。普雷契尼克的三重桥，连同东岸由利奥波德·泰尔设计的两座对称的宫殿式结构以及普列舍伦广场和方济会教堂周围多样却毫无违和感的建筑群，共同构成卢布尔雅那人极其重要的日常生活中心。位于河岸西侧的较低处有一条四通八达的长廊，更加提升这一场所的重要性。这座密闭拱形的石廊每一边都通向可居住的露台，在桥体结构的下方设有公共厕所，这再一次凸显普雷契尼克对工程细节的关注以及他在追求城市纪念碑性这一更高意志的同时，将世俗却必要的功能简单地融入整体规划的能力。

183

在设计卢布亚那河的河堤时，普雷契尼克也力求纪念碑性，但也会充分考虑与数座桥梁和建造更深的水道以满足防洪的需要相契合。比如，在鞋匠桥上游周边的河堤以及下游从三重桥直至龙桥的堤段与多种建筑细节融为一体。纵观整体，普雷契尼克巧妙地加入石阶、河边长廊和小型的观景露台，将本该单调乏味的幽深水道以及陡峭位高的河堤加以细分。繁茂的植被与上述这些设计相辅相成，成功营造出高度多样化且层次分明的效果，包括给人以临河的建筑立面仿似延伸至数米深的水面之上的错觉。除了在三重桥侧面增加凉廊和露台，也做到对河堤的双重使用。格莱达利斯卡路旁成排的树木、宏伟的台阶、独特的灯饰和街道设施以及外部有凹槽的立柱式装饰性建筑，用以凸显通往著名国会广场的通道，也同样装点着城市的河堤。尽管和卢布亚那河其他部分的河堤一样是不对称的，三重桥的下游部分使用的是类似的空间主题。具体来说，市集的曲线型线条搭配其粗面砌筑的基底，等同于在河的东侧垒起一堵墙。反之，在西岸却仍然是双层露台以及成排的绿荫。在龙桥的另一边，河道呈现简单且直接的实用主义特性，无疑是没有被普雷契尼克加以极富创意和艺术感的改造而遗留下来的产物。

184

现已竣工的位于龙桥和三重桥之间的市集建设工程只是一个更大型工程的一部分，起初还拟在市集中央建造意义深远的弧形屠夫桥，同时对河两岸的设施进行基础改建。[41]如今所见，市集是沿着原本的城墙而建，其形态是一座临河的双层大型建筑，墙面是半粗面砌筑的，底层有许多小型的拱形门，上层则是更富丽堂皇的大门。中央是五开间的圆柱型门厅，古典的浅檐微微外伸至河道。在街边，市场由一条时开时关的列柱大道组成，最先映入眼帘的是比例优美的新古典主义风格的门房，就在三重桥的附近。足有两层高的弧形柱状拱廊位于一条绿树成荫的街道之外，而这条街道与卢布亚那河相平行，也与位于大教堂后上方的自由市场并行。与街边的这一建筑群相毗邻，露天集市的空间感得以彰显，相辅相成。

最后是普雷格拉达闸门，它恰巧在1934年德国叫停城市建设之前竣工，使卢布尔雅那的水位可以被控制调节，这样一来普雷契尼克对河道的改造才能发挥最大的效用。水闸本身有三座重要的塔，倾斜墙面的末端是大量低矮的檐和顶，将操作闸门的机械装置完完全全地遮掩起来。

与普雷契尼克的许多设计别无二致，比起机械装置所必不可少的建筑原料，他更感兴趣的是闸门结构所展现的符号意义。之后，这座闸门被比作为尼罗河畔的埃及金字塔。[42]无论是在效果还是影响力方面，它都被设想成城市的凯旋门和水门。而且，在普雷契尼克最初的构想中，在闸门的两侧还将建造两座公园，分别位于右岸的安布罗兹广场和左岸的弗拉佐夫广场旁边。无疑，闸门立柱和水塔上由博齐达尔·彭戈夫设计的纹饰比起之前的河流工程要更具写实意义，不过整体的形式仍然是非写实的。

185

普雷契尼克最可能将水轴的各种元素视作一处精心编排的音乐作品或者诗歌的组成部分，有着明确的开头、清晰的段落和结尾。从制图的角度来进行城镇规划对于他来说肯定是最陌生的。当代的评论家认为普雷契尼克就是在位于特尔沃诺的家中散步时产生的灵感，完成卢布尔雅那的规划，而特尔沃诺就在他最初进行的河流改建工程附近。与西特相同，他极为感兴趣的是城市规划作品可能对路人产生的情感作用。普雷契尼克经常满足于编辑和增幅现有的环境效果，这点也与西特不谋而合。比起当一个激进的设计师或主规划师，他的方式更为有机，将现存的事物纳入考量，寻求更好的综合。[43]然而，普雷契尼克的水轴不仅仅是单纯的语境主义或者投机的图景推断。系列工程始于城镇一边的带形公园，久而久之，它更多地是融为周边居住街区的一部分，而不是起反作用。到城市另一边的普雷格拉达闸门竣工之前，接连进行的三重桥及市集周围的城市工程在规模、纪念碑性和公民目标方面达到巅峰。不出意外，遵循普雷契尼克的初衷，带形公园与闸门相汇，为这一系列画上圆满的句号，而如临田园的氛围多少达到首尾呼应的效果。除此之外，如果仅看卢布尔雅那的一个城市剖面，这一系列的工程似乎也证明这一规划模型值得在城市的其他部分被效仿。鉴于普雷契尼克有机的规划方法，他很可能认为河流系列工程在未来尚待改良和美化，就如同他诸多还不算完美的作品一样。

在普雷契尼克对卢布尔雅那的规划以及其紧接着设计的大量建筑作品中，不少其他主题思想逐渐显现。其一，强烈的结构整体感和当地公共空间、建筑的多样性之间存在极其显著的相互影响。其二，至少在186 某些方面，设计的方法还是一贯地传统与保守。无论是在风格还是具有代表性的项目上，普雷契尼克的作品经常能唤起人们对卢布尔雅那历史面貌的回忆。通常，以感性的方式处理每一件作品所处的情境不仅能保留其与过往之间的某种熟悉感和延续性，还帮助普雷契尼克以经济效用最大化的方式利用现存的各类资源。其三，在作品的首要功能之外，大量的项目创意不断涌现。比如，在河阶区以及三重桥等极具代表性的建筑架构中融入壁架和公共厕所等设施，不仅增加其实用性，更拓宽了作品的意义，它不再是充斥着琐碎日常的世俗领域，而是标榜城市认同和尊严的庆典场所。其四，普雷契尼克的作品有自己独特的风格，兼容并蓄，甚至从头到尾都那么不拘一格。总的来说，他的风格是循规蹈矩的，或者有些人会称之为意大利式的新古典主义，同时对古迹以及手工艺传统、本土的建筑原材料和使用粗面石工等所展现的斯洛文尼亚地方特色有着强烈的兴趣。现如今，他也会明显受到现代化的影响，使用当代的原料和建筑技艺，并尝试几何缩图和几何抽象。上述影响反映出普雷契尼克作为一名建筑师的成长经历，早期受其父亲（橱柜木匠）影响，在维亚纳的瓦格纳舒尔辛勤工作，后来旅居意大利，并于1898年在那里荣获罗马奖。[44]最后，普雷契尼克显然是一个充满激情的建筑学学生，毫不抵触地吸收并利用他手头上的且极为欣赏的参考资料。在这里列举一些在卢布尔雅那水轴工程中具有启发意义的作品，包括瓦格纳舒尔城内的多瑙河运河工程，弗里德里希·奥曼在1906年设计的维也纳城市公园的露台，彼得·派勒设计的横跨捷克伏尔塔瓦河的卡尔斯大桥以及之前提到过的由帕拉第奥设计的位于巴萨诺的廊桥。

为卢布尔雅那全体公民带来更多的便利、更好的定位以及更优地选择这些功能性的成果尽管十分重要，却不足以完整地展现普雷契尼克这187 一城市作品的意义。历史决定论、对周边环境的密切关注、项目创意以及风格上的兼容并蓄并不能充分地反映出他为自己的故乡所做出的努力。其至关重要的价值在于这是对斯洛文尼亚民族主义复兴的赞礼，是一个国家首都的建成，也是对更高城市生活准则的建构。

起初，建立整体公共秩序但不否定个体身份认同的主张对普雷契尼克和内战期间的许多其他斯洛文尼亚人都产生了特定的社会政治意义，而在强大的空间结构内追求建筑多样性的理念恰巧反映了上述主张。普雷契尼克的设计原则，以及他名为“同一屋檐下”的工程，都让人不禁想起之前引述过的斯洛文尼亚人民党关于为（天主教的）斯洛文尼亚人的复兴提供庇护的屋顶。[45]而且，这并不是单纯理念上的雷同，而是自身统一的意识形态。普雷契尼克毕竟是一位虔诚的天主教徒，也积极投身于民族（斯洛文尼亚的）大业之中。他在1920年回到卢布尔雅那，恰逢民族运动正在公开地进行中，可见这不仅仅只是巧合。

普雷契尼克对考古、历史以及文物保护的兴趣也是具有高度选择性和民族主义的。他所创作的纪念碑，包括圣雅各桥上纪念齐加·佐伊斯的金字塔，纪念法国大革命的伊利里亚碑，坐落于韦戈瓦街边的同名广场和国会广场上的作品，几乎都有极强的时间指向性，纪念那些斯洛文尼亚不受外来统治者拘束的过往。他对巴洛克时期的卢布尔雅那有着特别的偏爱，这一点人尽皆知，其实也是一样的道理。这一历史阶段可追溯至1650年左右，当时城内实行自由贸易，来自外部的影响也相对较小。这种倾向很快被拿来与他公开宣称反对19世纪卢布尔雅那建筑的态度作对比，在他看来那时的建筑是乏味和缺乏想象力的，更被视为奥匈帝国统治的象征。[46]城市的古罗马遗迹，尽管代表的是非斯拉夫民族的昔日辉煌，却使人们回忆起卢布尔雅那发展的基石——后来被称为艾摩那的古城，以及激发人们对自身文明起源的自豪感，因为它是独立于距今更近的被德国化的历史阶段的。普雷契尼克显然坚信斯洛文尼亚人是伊特鲁立亚人的直系后裔，因而隶属于地中海文化。[47]暂且 188 不论其他，这个多少有些奇异的想法支持人们通过接受古罗马的历史来主张民族主义的做法。除此之外，在工程的所在地，比如沿着就城墙建造的集市、在旧城门兴建的三重桥以及在原本的中世纪通道处建造的鞋匠桥，普雷契尼克通过唤起人们对更早期、有更多自主权的历史时期的记忆，极力将如今的城市与上一任占领者（如果不是统治者）明确地割裂开。

从工程项目的角度，普雷契尼克对必要功能的创新和修饰让所有斯洛文尼亚人都能感受到其许多作品中的使命感和深远意义，尽心尽力地接受和改变卢布尔雅那日常生活的诸多方面。熙熙攘攘的集市就是最好的例子。此外，普雷契尼克在工程中所做的调整往往是深思熟虑后的结果。比如，在他的概念里，横跨卢布亚那河的桥梁是人们会留恋徘徊的地方，而不是行进过程中短暂的歇脚之所。这无疑在实践和符号层面重新定义了这座城市，忘记昨天，转而面向一个崭新的属于斯洛文尼亚人的未来和整体归属感。普雷契尼克所设计的建筑纪念碑只是对原有的基础设施进行简单的改造，这也是为了提升城市的地位和强化一种宏大的、与民族国家相称的理念。谈及这一点，普雷契尼克再次借鉴古罗马的经验，但试图切断与阿尔卑斯山以北地区新兴建筑意识形态之间的联系，后者正是以往文化统治的根源所在。他在公共项目的设计中刻意地掩盖所有形式的机械装置、原材料以及工程学功能就充分体现这一点。并不是说普雷契尼克设计的桥梁、运河以及闸门在操作方面不够现代化，它们只是看上去不那么具有技术性，而且他有充足的理由不这么做。

从建筑风格的角度，普雷契尼克在其大量作品中使用意大利式新古典主义，这使他能赋予公共作品尊严和适度的城市声望，避免创作出如今盛行的，且对大多数人来说，华而不实的奥匈帝国风格的标志性建筑。除了在表现手法上将作品与早期主流的别国文化区别开，这一选择也使普雷契尼克能够呈现出一个更平和的城市形象，与新时代国家的新生相吻合。如前所述，对斯洛文尼亚的手工艺传统以及建筑的地方特色频繁的借鉴是普雷契尼克建筑作品深入骨髓的烙印，有着强烈的民族主义色彩。尤其引人注目的是极富新意却又看似心血来潮地使用当地的原材料，以及偏好粗面石工和用缤纷的色彩来展现天然原料。在作品中也很明显有现代主义的痕迹，主要是使用当代的建筑素材，比如钢筋混凝土和在建筑元素中加入几何缩图、几何抽象。上述两个方面赋予普雷契尼克的作品以与时俱进的特点，也再次支持建立现代化民族国家的理念。

190

然而，并不仅仅只是风格和表现手法，在许多普雷契尼克的作品中能看到经典的人文主义视角，主要关注街道上路人的体验，旨在为他们提供便利、指引和尊严。

公共领域的构成与表达

斯洛文尼亚的地方主义和公民自豪感通过普雷契尼克对卢布尔雅那的公共设施改造得以淋漓尽致地表现。如今，准确地说是在民族主义热潮再起的时刻，普雷契尼克的作品不仅是斯洛文尼亚的象征符号，也是在新兴的民主国家组织和规划公民生活的坚实基础，不过这一次南斯拉夫联盟并不参与其中。公民生活所必需的组成性和表达性特征包括与区域性首府相称的纪念碑性，以及本土的、高贵的建筑表现，在令人平和的环境中开展日常活动。普雷契尼克作品的形貌特点和外观甚至可能促使人们展现出最好的一面。个人很容易将其归因为一种正式的且略带仪式性的行为模式，却不会受到过分的限制。他们营造出一个布置精美但熟悉的公共场域，表达其坚定不移地公开展现民众间私人交往的决心。

一些更近期的工程尽管不具备同等重大的民族意义，也具有亲民、聚集民众和令人心境平和的效果，就比如汉娜—奥林费城事务所对纽约城公共露天空间的改建。尤其是布莱恩特公园的重建以及沿下西区巴特雷公园城而建的滨海步行道。新布莱恩特公园的设计基本保留先前新古典主义格局，但尽可能地简化种植池的环状饰物、绿色隔离带和小径。照卢森堡公国花园的布局，巴黎风格的家具、用以倚靠的栏杆以及可站立远眺且极易被发现的露天场地在原本封闭隔断的户外空间却随处可见。极其相似地，在巴特雷公园城占地面积92亩的居住和商业开发区沿河约1英里的边缘地带设有一处滨海步行道，其背后有规划者的意图，就是为纽约公民提供便利以及一处充斥着纽约日常生活的城市空间。一个布局巧妙的交叉路口以及两条动静相宜的林荫大道，组成就近区域内最适宜进行各类户外活动的场所。与普雷契尼克的作品类似，这

191

两个场所都在表现手法上采用一定的折中主义，但不那么激进，反而具有更强的日常化倾向，尽量营造出让公民感到熟悉的环境。再者，与卢布尔雅那一样，纽约的这两处场所都是公共部门和私人部门共同致力于提高城市公民空间的结果。事实上，在布莱恩特公园附近建造了一个特殊的准私人管理区域来协助政府提供充分的服务。在1985年，一群当地的商人组建"合伙制企业"，共同创建一个所谓的商业改进区。[48]一旦这一地区大部分民众是产权人，该机构获得州法特许可强制对居民征税。摊派税费主要用于公共卫生、安全设施以及开放空间和道路的修缮，还包括为无家可归人士提供援助的支出。无独有偶，在卢布尔雅那，普雷契尼克也尝试拨乱反正，建立公共和私人之间的平衡，只是这一次他支持公共部门及其获取这些工程项目所产生的可见的公共利益的权利。

罗伯特·汉娜和罗瑞·奥林（尤其是后者）对平常事物的兴趣源于192 他们坚信普通和日常的环境可能具备某种特性，能带领人们最直接地与事物的本质进行交流，从而激起人们对自己所居住的这个世界的兴奋之感。此外，如果日常的空间体验以司空见惯的方式加以呈现，无论是公共生活的意义感还是民众间的意气相投感都将显著提升。这类普通的空间体验绝不是平凡无奇的，它不仅建立人与世界之间自然和谐的关系，还为人们对世界是否存在这一有关意义的哲学议题的不懈质疑提供充足的事实基础。说得更通俗点，对平常事物的兴趣，也可以说是明显的日常化倾向，非常有助于解决表现意义中本来"不可判定"的部分，这就回到了这一章节刚开始讨论的问题。[49]因此，对场所和欢乐氛围的共识，以及随之而产生的集体幸福，得以确立，特别是在那些将公共领域看得最重，也因为忽视而遭受最多苦难的城市。

汉娜—奥林对巴特雷公园城的滨海步行道和布莱恩特公园的规划设计为了达到这种相当特别的平常状态，他们的方案具有简单可行和熟悉的特征。好似从远古时代以来，这些地方就是如此，就好像穿着一双最喜欢的鞋子走路或者和一个熟悉的人并肩而行一般地认同和喜爱这样的设计。然而，事实上，这些认知并不准确。巴特雷公园城建成于

1979年到1983年间，所在地本是曼哈顿岛下西区的填埋区。而布莱恩特广场的建设工程是对第42街和第六大道周边约5亩区域的重建，竣工于1988年。[50]然而，两个工程看似都是对历史和地点的延续，它们以伪装其新旧程度而不必然掩盖其现代性的方式，轻而易举地融入纽约的城市传统。

这一天然无矫饰的日常适宜之感也部分得益于汉娜—奥林会在深思熟虑之下对公共空间规划的备选方案类型或范式做出的选择。在巴特雷公园城没有什么比滨海步行道和与之相配套的公共空间系统更难作为历史和考古的物证。相反，有着大量先例是想象甚至期望沿着像哈德逊河一样的大型河道而建的公共走道能有滨海步行大道或者滨海盘旋道路的特征。简而言之，只有在给定场所环境和项目需求的潜在表现力允许的条件下，某些为人所熟知的建筑类型才会在景观设计中出现。在实践中，汉娜—奥林如普雷契尼克一般，特别擅长于这种形式的概念调用。例如，他们早前在阿克罗公司时设计的工程项目中，就将宾夕法尼亚州的场所精神与研发校区的理念融合在一起，提出建设大型庄园的设想。在对更广泛的理论及实践层面的浓厚兴趣背后是极力突显相对熟悉的主题，有机且最大限度地利用已然存在于场所中的一切，并坚信少量的类型学概念足以构成大部分公共空间改造工程的基础框架。

193

意料之中的是，即使很大程度上受到常见先例的启发，每一项工程都可能向外界传达超越作者意图之外的信息。就好比到目前为止，我们已经熟知可定期地对普通事物做出多重的诠释。当然，事物通常都是平凡普通的或者说不依赖于情境存在的。换句话说，在哲学视角中那些平凡事物中的“异常面”以及意义表达中“不可判断”的部分，我们极可能无须也不应该那么介怀。[51]事实上，在汉娜—奥林设计的工程以及许多普雷契尼克更为激进地追求折中主义的作品中，作者都试图模糊或者灵活运用所参照的素材。自始至终，他们都极为了解建筑形式能表达超越作者意图之外的意义的能力，但基本上又令其与作者的意图相容。事实上，某人可以随即断言所有伟大的公民作品都有这一能力。无论在何

处，好的设计作品都可能犯冗余和多重诠释的错误，尤其是当要兼顾功
194 能和特殊意义表达，却又要确保广大群众对作品存在某种共识。无论是在普雷契尼克还是在汉娜一奥林的作品中，灵活多变是使其方案脱颖而出的原因之一，通常这也是他们用以呈现自身作品不拘一格的重要工具，不过只限于一定范围之内。诚如我们所见，普雷契尼克城市工程所包含的普遍意义和公民期望绝不是含糊不清的。相反，汉娜一奥林所设计的纽约城市工程原本有着极具影响力且意义表达明确的建筑架构，一定程度的模棱两可和冗余对营造令人感到惬意的熟悉感和迎合大众的普遍需求大有裨益。规划的意义就在于让人们自主地聚集在这些公共场所开展活动，而不是由场所支配和规定人们的行为。布莱恩特公园和巴特雷公园城的滨海步行道都是为不可预知的行为准备好的背景，至于卢布尔雅那的背景则是河岸与露台。显然，和中央公园一样，这些场所更适合某种特定类型的活动而非其他，但它们也能在某些临时状况和难以想象的场景下被使用。这样一来，它们就有能力吸引人们的注意力，而不是沦为仅具有表现力的具象化固定设施或者城市的装饰品，如同街边飘扬的彩旗和绚烂的霓虹灯一般。设计是否真的成功取决于其建构城市公民生活的能力。就拿布莱恩特公园来说，在空间布局中极富想象力地加入一些洞口以确保视野和道路的开阔，也由此移除了原先令这里悲剧地沦为毒贩和抢劫犯天堂的空间屏障。

最后，贯穿这些作品始末的是一种道德指向。从总体上，它训诫人们在追逐自己远大的抱负之时，要保持头脑清醒、行为得体并且与他人相处和睦。尽管这种道德指向不是真正的严格要求，可能对某些人来说有些老套，却发出巨大的回响，激励人们用高贵的作品和即兴的创造建构我们与自身以及世界密切的交流。从这些方面看来，规划作品似乎表达的是一种共产主义的观点，即指引和给予日常实践和持续的公民行为
195 以建设性的框架，而不是一种特别的意义表达或风格。

“你现在打算怎么做?”外国记者问道,“你所能做的只是这样一再地回顾普雷契尼克的作品吗?”“真正重要的是努力向前,”米洛什意味深长地说,“这座城市有许多迫切需求,这不可否认,但更重要的是,我们要找到自己的方法,一种人们都能认同的方法。”“这是什么意思?”记者询问道,有些半信半疑。“我不知道——我猜可能这也做一点,那也做一点。”米洛什如此回答,尽管很快就对自己的这一答案感到不太满意。“你知道的,这是一个有趣的地方,”他继续,带着一点防备,“而我们应该能处理好,也能设法看清我们自己。”

——塔比·拉塞勒,《莫斯托维·托戈维》 196

第六章　践行公民现实主义

“妈妈，快看那只蓝色的大象！”小女孩兴奋地叫喊着，跑在她妈妈的前面，裙摆飞扬。“小心点！伊莎贝拉！”黑德林夫人大声叫道，她对女儿滑稽且不得体的行为感到恼怒。毫无疑问，哈柏大道世博会大门外的“精灵王国”已是著名的景点。但是，我们仍然要保持体面。“不能让每个人都随意地在这个地方到处乱跑，”黑德林夫人暗自思忖，“这会让特意来巴黎参观的友善旅客怎么想！”

“哦！我的肚子不太舒服！”伊莎贝拉叫喊着，紧紧地攥着妈妈的手，“电梯什么时候才停？”她不安地问。“我们马上就到了。”妈妈答道，虽然她也不适应电梯过快地上行。她们乘坐的电梯宽敞且带有金属的横梁、支架和桁架，是异国的现代结构。“不过，食物实在太棒了，那才是最重要的。毕竟，这里是法国。”她暗暗自喜。

“拜托，我可以吗？拜托，妈妈，可不可以？”伊莎贝拉现在非常想自己放飞气球，但同时又伸手去拿另一只小气球，这时她的妈妈正在将写有她姓名和地址的小纸条塞进气球里。“嘿！伊莎贝拉！等一会儿！我告诉你多少次要耐心一点？”黑德林夫人抱怨道，但她自己也觉得放飞红气球和放在里面的纸条，看着它缓缓下落直至被底下某个陌生人拿到是一件难得的趣事。“他甚至可能是个外国人。”她心里想着，不禁心跳加速。

201　　——皮埃尔·格里蒙德，《比强更强》

至此，我们讨论过的所有当代对公民现实主义的实践可互换地被用于表达近乎一致的主张，几乎无一例外。与早期着重表达某些特定主题的风格有所不同，诸如坎波广场等当代的建筑作品是对公民现实主义面面俱到的呈现。以巴塞罗那的城市公共空间以及大巴黎城市计划等为例，由于其宽广的地域覆盖面及多样性，它们可被视作任何潜在主题的具象化。卢布尔雅那改进工程虽然常被用于呈现城市建筑空间中的表象和构成，却也无疑生动地描绘了城市民众个人以及集体行为所发生的场景特征。类似地，即使在建设纽约中央公园这样一个休闲娱乐场所时，大部分的景观都试图弥合同质群体之中的差异性，却也不妨碍它同样传达着文明和道德的信息。不少教科书中提及的基本概念术语也常常会相互融合。“公民的”和“现实的”这两个术语都强调要坚持立足于日常生活，远离私人领域。不过，其更受广泛认可的用法是表示某些具有社会批判意义的事物，而并非一些简单的国家教条主义或者公认的私人实践。通常，它们还被用于暗指那些尊贵且庄严的公共行为所发生的场景。鉴于纽约苏豪区和鲁瓦赛达区等地域大多是逐渐演化形成的，因此并不存在任何一个公民现实主义的项目能用上述这些术语做出相对瞬时性的、传统的定义。与此同时，许多场所都呈现出公民现实主义的主题，只是亟待我们选择和赋予它们新的意义。从城市建筑的角度，在本书中所详尽描述的公民现实主义绝不是一种风格或者某种特定的审美意识形态。本质上，它首先是一种存在的状态或是对这一状态的描述性陈述，其次它是一种取向，也是一系列概念平衡试验抑或原则，它们使城市建筑成为某种公民的而并非单纯意义上的公共的或者个人的体验。 202

公民性、现实性与具体性

总而言之，若用一种较为笼统的方式来对公民领域加以定义，它就是产生于日常生活中的公共领域和私人领域，却又介于两者之间的生活范畴。公民领域主要产生于社会的社团网络之中，而这些网络中的大部分是非正式关系。所以，公民一词通常与公民社会这个概念高度相关，它并非严格意义上公共的或是私人的用语。在哈贝马斯和其他学者的理论范式中，公民通常是“公共、公民和私人”这一三维政治构想中的中间一环，更是一种存在于公民社会与国家间的张力，反过来使其与私人领域中更亲近、更个人的关系区分开来。[1]可想而知，在这样一个涉及三方的议题中，必然存在如何清晰界定公民社会与其他生活领域之间关系的争论。对于科恩和阿拉托等学者而言，公民社会主要由志愿性社团、社会运动和大众沟通组成，而诸如政治社会和经济社会等分支基本上都源起于公民社会。[2]包括哈贝马斯在内的另一部分学者甚至认为，公民社会也涵盖市场中正式的经济交易。公民社会的重要性并非一成不变，通常是时增时减的。比如，根据政治分析家罗伯特·普特南的研究，近年来美国社会已经出现政治热情的衰退现象。他的核心思想“独自打保龄球”，通过描述人们打保龄球这样一项闲暇活动的频率在上升，而参与这项运动的团体数量却在不断减少等统计数据，生动地呈现该社会现状。[3]这些现象所造成的结果是志愿性社团网络无论在多样性还是广度上都在逐渐萎缩。相对地，人们向私人领域转移，也有少部分转而进入公共领域。

本书主张越过国家和公民社会的概念区分，从城市建筑的角度能最有效地催生公民空间。这一空间不但需要很好地表达私人领域的社203 团利益，还必须涵盖全部的内在张力，尤其当公共和私人领域都拥有较高的社会目标，同时特别是被剥夺公民权的边缘化社会部门，对两个社会目标的接受度最广。其实，至今为止所引用的许多例子都至少接近于上述的这些理想型。可惜的是，这一主张也同样意味着，如果缺乏有利的社会条件和政治条件，好的公民空间是无法按要求建造出来的。正如大部分的现代政治分析所彰显的那样，各种形态的公民社会被视作一种国家主义的退出，它区别于过度自由主义和新保守主义对市场导向力量的推崇。比如，科恩和阿拉托指出，当代公民社会的问题及其演进在于充分地发展自治组织和制度框架，远离保守主义，避免经济领域力量的过度膨胀及国家主义抑或政府的拉拢收买。[4]从建筑和城市规划的角度出发，这意味着必须在抵制私人开发商的异想天开、个人癖好和利己主义品位，以及市场力量的消费主义食粮的同时，避免国家用大型工程项目、政治宣传和以所谓的多方利益之名而提出的规范化等方式来拉拢收买。出于某种原因而拒绝上述两种立场的建筑师看来至少是支持那些有助于推动公民社会向更自治自营的方向发展的大型项目，而不是孤立分离地看待我们生活的社会、政治和文化领域。

通常，“公民性”这一术语还代表着一种对于公共行为的观点，汉娜·阿伦特无疑是其中的代表人物。[5]于她而言，任何公民性都是具有启发意义的，是值得为公众所见所闻的，更是我们引以为傲并世代传承下去的。由此可见，公民性本质上是一种立场，它要求人们具备某些与公众行为相符合的群聚观点和社群主义理念。这需要对于各种观点做出权威性的叙述，但至少在今时今日，以最大限度的包容以及对他人信仰和特征的敬意足以使某一观点延续。与其他的定义截然不同，这里的“公民性”一词并不适用于诸如个人魅力型统治、贵族统治、神权政治或者任何形式的专政设想。过往的例证显示，它所适用的是诸如古希腊古罗马共和国，类似锡耶纳这样的中世纪城邦国家和现代启蒙运动时期的民主国家等处于某些历史阶段的最广泛意义上的西方社会。如果有什么不同的话，那就是近来“公民性”一词总是与资本主义社会的兴起相伴随，不过随即葛兰西就提醒我们它也同样适用于有自治和自我组织条件的社会主义霸权国家。[6]

204

起码从审美的角度，现实主义所关心的也是事物的公共属性，这有别于本质意义上的国家。同时，它也排除了合理却全然主观的反应。尽管现实主义并不必须是写实的，却理应是形象化的，使人们在提及某一事物的某一方面时可以共同分享和鉴赏，不再受限于作品自身的流派。例如蒂布蒂诺的田园村落，或是坎波广场的纹章和图像显然就符合现实主义的这一标准。从多少带有几分抽象风格的角度，普雷契尼克的装饰细节以及巴塞罗那的硬面广场也满足这一要求。此外，尽管现实主义的描绘或工程或许往往是和对我们而言熟悉的、可辨识的或者为众人所熟知的事物打交道，但无碍于它刺激各种媒体及其效果的发展。简言之，就像在讨论意大利新现实主义时期的蒂布蒂诺和图斯克拉诺时所发现的，我们所关心的不仅是日常生活场所的写实程度，还有流派的逼真性。大体上，纵然现实主义项目并非以一种普遍的抑或经典的方式来呈现，但是其主题取材于日常生活，建筑也不例外。以住所为例，只有特定时期特定地点而非普遍意义或原则上的住房是现实主义的，即使那些共性在未来可能上升为某些超验的特征。最后，对日常生活的描绘、赞扬或者就生活的基本面都必须是令人变得高尚的或者批判性的，而不是一种205 简单的生活写照。就建筑而言，概念上要做到前面几点并不难，然而要用建筑呈现一种带有批判性的行为就显得有些复杂，或者说几乎不可能发生，甚至相较于建筑所肩负的职责来说是最难以实现的。坎波广场试图颂扬中世纪锡耶纳的准民主统治以及由此抗拒单一专制统治形式的理念却极大地被各种异质性利益的潜在表达所渲染。类似地，在当代巴塞罗那的城市公共空间工程中，项目和利益表达的多元化无疑会质疑任何预定的、由国家主导的行为模式是否可行。在诸如中央公园或是雪铁龙公园这样的场所，为多种目的服务的各类环境和可能性时常挑战对公民空间单一的权威解读，即便如此，社会有时可能还是会朝那些方向发展。

在哲学和艺术领域，若将“公民性”和“现实性”这两个词结合在一起，会造就一个无法精确定义的非先验的动态概念。至少在某种程度上，两种概念在本质上是相对的。根据定义，“公民性”包含公民社会和国家之间，又或者是通过公民社会日常生活中的公共领域和私人领域之间的互动。即便是在最稳定的社会时期，上述两种互动也时常处于一种动态平衡。包括希拉里·普特南和纳尔逊·古德曼在内的一些哲学家以及艺术史学家琳达·诺克林都认为，现实在很大程度上取决于一个人所使用的概念图式。[7]我们倾向于将那些我们所直面的或者在当时最关注的事物视作最现实的。正因如此，现实主义具有一定的即时性，由此推论，公民现实主义也具有这一特性。假设其他条件不变，“公民性”和“现实性”两个概念在日常生活和人们所熟知的领域是趋同的。然而，两者的交集可能扩展到不那么熟悉的和非当下的事物，尽管这也是预料之中的。以特殊的公民庆祝活动为例，它们很难被排除在公民现实主义之外。事实上，当代生活充满了类似的例子，有时还包括与宗教庆典有关或与季节性活动绑定在一起的国定假日在内。我们也发现，在更严格意 206 义上的艺术领域，公民现实主义是与各类艺术流派或者艺术媒体的相对发展程度密切相关。如果现实主义方案中对一种媒体或者流派约定俗成的认知有所改变，那么就会存在某种相对主义。在有名的卢卡奇—布莱希特辩论中，我们不难发现，谁对谁错取决于不同的表达方式在表述的以及历史或发展的角度是如何被评价的。假设我们认为纪实摄影媒体确实是时下最流行的，布莱希特似乎也持有这一观点，那么较之其他不那么当代的媒体，纪实摄影就理应被用于描绘与社会活动有关的日常环境。

有一个关于相对主义的问题亟须我们解释，那就是建筑所具有的相对持久且不变的属性。建筑在形态或结构上的改变几乎不可能与公民社会在定义上的更替步调一致，后者的变化显然更快，或许是因为定义某些其他形式的事实时，临时准则总是变化不定。如果不将建筑作品排除在外，那么关于描述这类事实的条件将会受到极大的限制。如此一来，就会出现这样一个疑问：建筑和城市建筑规划要如何应对这些本质上相对主义的情况？就目前来看，答案是使建筑在某一特定时间和地点显得非常具体和易于被察觉。总的来说，建筑更多的是人们生活的组成部分，而不是他们行为的再现，正如我们在第五章中所论述的那样。简言之，因为某一特定的事实及其相应的建筑存在极有可能在某一时期被人们所牢记，所以可能在另一个时间段，即使在不同的社会或者政治环境下，它依然会被人辨识出来，进而有助于人们对新兴的现实公民主义做出更准确的定义。尽管在14世纪的图像学里，坎波广场是固定不变的，撇开相关概念释义所存在的内在相对主义不谈，它依然能持续不断地界定公民现实主义的重要面向。

或许有些自相矛盾，现实主义课题对明确性的要求并没有体现在20 207 世纪60年代以及70年代早期那些抽象的、无确定目标的、不具体的规划方案中，事实上它们试图仅仅提供一个行动框架来创造所谓的民主环境（诸如英国的朗科恩和米尔顿·凯恩斯，美国的第七条款新城镇等城市规划方案立即浮现在脑海中)。[8]这些规划方案主要是为后续投资提供一个宏大的基础建设架构,围绕着方案的市场力量应该承担社区大部分的设施建设和服务供给。然而,在规划和地方营造上对明确性的要求好似又指向了另一个方向,那就是与其制订方案,还不如给出一个更广泛的参考框架。当存在像巴塞罗那扩展区这样醒目的城市景象作为反例时,博依加斯所倡导的"方案和非计划"就显得极为正确。同样,普雷契尼克依靠持久不变的地理环境、不断传承的文化特质并用特殊的图像呈现未来与现在,建造了一个不仅能代表更能建构一种强烈的斯洛文尼亚民族自豪感的场所。

这种不断被推崇的能力令某些场所始终成为城市中独立成长的公民空间。坎波广场和普雷契尼克的卢布尔雅那是如此,我们所深入研究的许多其他规划亦是如此,当然也包括洛克菲勒中心在内。虽然尚未定论,但是法国的拉维莱特公园和雪铁龙公园,以及巴塞罗那的公共空间改造计划很有可能也呈现同样的特质。一旦铭刻在公众的脑海里,它们就会继承这些近乎神话般的特质,反过来持续地营造一种公民现实主义的氛围。无须对其赋予过多的人格,它们就会蜕变成各种社会政治力量交错的宏大剧目里的演员,或者至少是演员身后的舞台布景。比如汤普金斯广场公园,一直都是纽约市举行抗议和庆祝活动的场所,它无疑帮助人们更好地定义公民生活。除此之外,纽约人不停地界定与重新界定曼哈顿无处不在的网格里的草坪,就是为了证明城市空间必须是具体的、本土化的和简单写实的。简言之,无论是城市的建筑和市区结构,还是城市内部的人造物和场所都能伪造在其他方面都高度相对主义的"公民性"以及"现实性"意涵,或具有更加持久的、有价值的但及未明确的都市特性。

208

作为概念维度群的公民现实主义

深入解析公民现实主义宽泛的概念框架,我们发现一个概念群可以涵盖诸如国家特征、志愿性社团、特别节日活动、日常生活、城市环境和视觉形态等一系列为人们所熟知的社会实体。在以往的论述中，我们已经明确用固定的分类并不能使公民现实主义变得可辨别或可界定，它是多变的，且在相当程度上不受类型和特定外观属性的支配。此外，公民现实主义明确且从根本上需要个人与某一特定城市场所之间进行互动，并在互动中界定自身的范围。尽管如此，还是可以划分出四个标准维度，而各维度间不甚明确的交集建构了公民现实主义。这四个维度分别是：在形态和外观维度，可以从抽象转变为写实；在体验维度，能将个人、日常和普通的生活事件上升为群体、超验的经验；在效果维度，实现从简单表征权威、权力和相关社会事实到建造能产生同等效果的物理场所的跨越；在资助者维度，能充分反映公民社会主导和国家主导的城市项目间的比较差异。简而言之，公民现实主义的概念定义由外观属性、体验、效果和资助者四个维度构成。尽管每一个维度都是相对独立的，但是仍然存在明显的交集。例如，外观、体验和资助者维度里国家主义或集体主义的一方极可能是高度相关的。特定的维度可能从别的角度也会有全然不同的理解。例如，外观维度中抽象—写实的角度也可以理解为是类型和内容在仿真度上的交互作用。此处，在之前描述过的诸多案例中，拉维莱特公园更多是形式写实，而蒂布蒂诺倾向于内容写实。

210

通过合理的演绎，至今为止所有讨论过的城市案例都可以依据公民现实主义的四个维度进行排列。比如，与改造废弃工业厂房形成家庭办公室环境相比，拉维莱特公园在外观上显然更加抽象，不过主要由公民社会资助，因此与国家主导的项目比起来，少了些商业氛围。家庭办公室环境很大程度上是一种集体性的表达，与拉维莱特公园强调个人体验以及完全外部的表达方式不同。尽管如此，两者依然存在共性，它们的外观都是具象的，同时也在建构人们的行为。巴塞罗那的城市工程则相当中立，由公民社会和国家共同参与，不仅注重日常功能，也可用于特殊活动。总体上，这些方案是抽象的，然而也是可理解的，甚至在外观和建筑表现手法上是人们熟悉的。对比之下，普雷契尼克在卢布尔雅那的设计方案整体上是带有民族主义特色的，因此项目的效果是偏向集体主义和国家主义的。至少与巴塞罗那的城市工程相比，其外观在某种程度上是写实的。在所有的案例中，纽约的中央公园对社会行为及时间的建构意义是最强的，其外观也是写实的，不过它也是国家和公民社会激烈博弈下的产物。显然，洛克菲勒中心的显著特征以及其他案例也可以用同样的方式被置于四维的概念群中。我们也发现，洛克菲勒中心的整体外观上是抽象的，但是在门道和大厅等局部范围是写实的，其体验是与日常生活相关的，而产生的效果可能不仅是对社会力量的表征，也可能同时建构公共和私人的场景。建造洛克菲勒中心的资金主要来自私人领域和公民社会，然而我们也不能低估国家在引导和搭建架构上所发挥的211 重要作用。

该理论范式引出一个显而易见的问题：是否存在一个特定的实例不适用上述四个维度中的一个或多个，或者换句话说，它并不属于公民现实主义的概念群范畴内。答案是存在。比如，一块私人专有的居住飞地既不是国家也不是公民社会的产物，因而被排除在概念范畴之外。反之，即使是许多现实极权主义国家的历史建筑也超出概念群可涵盖的范畴。如我们所见，在艺术领域，教条的社会主义现实主义就不符合，它在外观方面过于忽略对再现媒体的发展，又过于重视对日常生活体验领域。尽管许多工程和城市的部分领域毫无疑问被排除在公民现实主义范畴之外，但还是有许多其他的城市项目至少有可能受到重视和继续发展。而且，这种潜在性正是当下争论的重点。其中一个重要的原因是公民现实主义并不是一种能被频繁或被简单辨识出来的特质，它需要观察者以及参与者的自省。当然，这并不意味着公民现实主义是一种关于城市建筑的意识形态，要求人们怀念那些由于日常实用性和当代社会的空间生产而被逐渐遗忘的场所和情怀。相反，它是一种让人们能用被严格限定但又适用性宽泛的维度去思考问题或者理解城市建筑设计的方式，它也让人们得以认识和理解城市场所，并能发表有意义的评论，明确指出那些地方到底需要什么。这样一种自省必然产生评价，而基于评价将最终导致人们采取某种行为，也会缔结空间及其用途之间持续的互惠关系。如我们所见，人们通过社会过程创造空间，再将空间转换成场所，就像鲁瓦塞达区的案例和中央公园那样。又比如，某些场所也在不断影响人们，像如今的苏豪区就在进一步强化人们对该地区独特的理解。可惜，据我们所知，曾经充满活力的场所也可能由于被忽略、被废弃和逐渐腐朽，沦为空间，那些多维度呈现公民现实主义的特征和意义在逐渐消失，也可能因为减资或者毁坏等原因，以一种更为暴力和突然的方式结束这些场所原有的生命力。和大部分的艺术作品或者思维习惯一样，要辨识公民现实主义，人们需要实践和时常保持警醒。 212

由这一理论范式还引发了第二个问题：是否四个概念维度的中心区域就是公民现实主义的最优范畴。换言之，如果将一个给定项目的特点分别在四个维度中标识出来，且发现这些特点接近概念群的中心点，是否必然意味着这是一个理想的公民现实主义案例？有趣的是，从多个方面来看，回答都很有可能是否定的。之前也已经提到过，理论上，在真实案例中维度之间极有可能是高度相关的，而各类城市项目都有此类发现，无疑揭示了界定公民现实主义的概念空间中各个维度并不相互独立。这并不必然影响理论范式的适用性和解释力，却摒弃了一个中心点对应唯一一个理想的公民现实主义实例的观点。相较之下，更可信的假设是，理想的案例出现在概念空间中相对小范围的区域里，这一潜在理论结果听上去更令人满意也更直观。就目前我们所论述的，应该重视的是概念维度内部及彼此之间的动态张力，而不是一种静态平衡。比如，公民社会和国家的同等参与并不必然意味着项目更好。反之，一方略占上风，却可以维持一种建构性的张力。更何况，对案例在概念框架中所处位置的解读极有可能时移势迁，而场所感作为社会性产物也会有干扰作用。无论如何，概念群中存在一个区域而非一个阿基米德基点，在此概念区域中，更好的公民现实主义实例会被发现或被制造。 213

最后，出于阐述和维系公民现实主义的目的，也同样为了在城市空间的社会生产过程之初就凸显其特征，五条重要的平衡性检验应运而生。首先，公民现实主义代表或者表达的是社会多元化的态度、信条和人类与生俱来的特点，却也能加速人们对城市领域应该是怎样的这一观点的求同存异。简言之，公民现实主义的项目涵盖面广，多具有正面意义却又相对单一。比如，坎波广场或中央公园不仅通过方案设计、外形和象征手法刻意地去接触不同政党的支持者，还试图向整个社会提出些建议。还有另一个较新的例子是由建筑师何塞·拉斐尔·莫尼欧设计的位于西班牙罗格罗诺市的市政厅。他在着手设计公共建筑时有自己的准则，他认为“公共建筑所承担的义务越重大，其设计就应该越笼统”。[9]这座市政厅被想象成是城市本身的延伸：建筑立面在设计上秉承不装腔作势和尽可能多样化的原则，而整座建筑的开放性和可及性意在例证佛朗哥独裁时代结束后西班牙所奉行的“社会和民主的原则”。[10]该市政厅于1981年竣工，坐落于早前兵营的所在地，将政府职能部门、行政办公室和一个大型的会议厅整合在一起，共计25 000平方米。然而，到目前为止，市政厅最显著的特点是拥有一个铺设好的露天大广场，在其两侧还有宽阔的门廊，不少公民常常聚集在广场的长凳周围与其他人交流畅谈。如此一来，莫尼欧弱化了市政厅固有的公共形象，将其视作一个普通的场所。除此之外，他还使用壮丽的列柱大道将市政厅围起来，形成个人活动的空间，并用常见的铺路材料加固大道区域。简言之，该项目不仅包容性广，也具有积极的社会意义，很好地诠释了国家与公民社会之间的关系。

第二条检验标准差不多算是第一条的推论，公民现实主义是对既定秩序和现行威权的挑战与批判，但也表达一种共同协议感。如我们所见，建筑本身很难用文字的形式来体现批判性和启发性的意涵。然而，同样显而易见的是，建筑作品可以从更为严谨的社会政治角度，用包含什么、排斥什么、表达什么、赞扬什么或不重视什么来呈现可行的批判维度。莫尼欧的市政厅很好地证明了建筑的这一能力。用建筑展现单一的权威性就更容易实现，数个世纪以来，政府办公楼和宫殿一直都是国家权力和权威的象征。相较而言，美国法院的设计不仅折射人们对现行社会公正积极的、批判性的思考，还试图表达一种公共协议感。在审判庭内部，就存在一系列呈现法律诉讼过程中行动者之间空间关系的尝试，有时也旨在改变人们对权力和权威的观念。在近来关于波士顿新法院的设计方案中，按照哈里·科布的说法，他试图“通过建筑表述那些构成美国法律系统基础的观点和信念”[11]，特别是每个公民在法律面前人

214

人平等的观念。他的抱负在审判庭的布局上尽显无遗，在一个宽阔的半圆形密闭空间里共有27间审判庭，法院位于扇形码头，占地4.5英亩，面朝波士顿的中心区域。精心设计的玻璃面，其透明性象征着法律系统与整个社会之间相对直接的关联，强化法律可及性和公平性的议题。建筑整体宏大且大致上为对称结构，突显出法院作为日常生活的重要组织机构，即使不是庄严肃穆的，也应该是受人尊敬的。通过有技巧地揭示单一的组织框架中所包含的多元化利益，科布实际上是为了强调当今社会所面临的一个重要议题，同时也肯定了对共同协议的需求。因此，通过建筑来主张一种清晰的社会政治立场这一方式，公民社会主义中那些较为难解的批判维度也可以被成功地引入。要不然建筑最起码也可以提 215 供充分的线索来默默地支持这一解释说明。

第三条检验标准要求公民现实主义能反映变化无常的社会范畴，但也拥有某种超验的特质，让人们感觉共同享有某些永恒不变的东西。实际上，一个建筑架构足以为不同的功能、行为模式和表达倾向提供充足的空间，也始终维持一种凌驾于特定的功能、模式和倾向之上的永久且重要的存在。就目前讨论过的案例而言，存在多种途径实现这一点。像纽约的苏豪区，对广阔的城市区域进行某种形式的改造性再利用，这类区域的定义本身就包含上述的特征。类似的还有巴塞罗那的克罗特公园，大量残留的景致无疑唤起人们对往昔的记忆。使用“异质文本”能在代表和建构不同的社会文化需求和渴望的同时，也赋予建筑以永恒不变的特点，这在关于马查多和西尔韦蒂作品中的“史无前例的现实主义”方面有所提及。通常要做到这一点，要么用某种方式将独特的元素融合在一起，要么借用特定的象征主题。如此说来，普雷契尼克在卢布尔雅那的作品达到了预期的效果。一方面，它集合了可以支持各种各样活动的环境和符号，这些活动可能是短暂的，也可能是更长久的日常生活范畴。将普雷契尼克关于多样性和秩序的格言用在这里确实是恰如其分。另一方面，这一集合也描绘了斯洛文尼亚地区和民族的抱负，超越普雷契尼克所处年代的境遇。还有另外一种方法就是创造一种几近大胆且不变的建筑参考架构，用以容纳、改良和指引未来在功能和使用上的改变。阿尔多·罗西和卡罗·艾莫尼诺所设计的格拉洛特希工程，位于米兰阿米亚塔峰群之上。在这项始建于1969年并在1974年竣工的工程216中，就有这种类型建筑的存在。[12]相类似的还有费尔南·普永在1953年到1957年参与设计的街坊式住房、商业区及公共开放空间。[13]在那里，无论是充当环境艺术的石柱廊还是大楼空间的横截面分辨率，都依然保持不变且仍是这一场所的主要组成部分，但特定的功能已经明显地发生改变。

第四条重要的检验标准强调公民现实主义对日常生活的关注和描绘是必不可少的，但是相伴随的是对某种特定表达形式之艺术表现力的提升。我们一次又一次地发现，公民现实主义若纯粹表现或者迎合某类功能或符号编码，显然是不够的。这种作品绝对不能以怀旧的、单调的或压抑的方式去着手做，但在形式表现上仍然要保持一定的熟悉感和可辨识度。在至今为止考虑过的所有生活场景中，罗马的图斯克拉诺脱颖而出，淋漓尽致地体现上述两种特质。在外观上，它是令人感到熟悉的，但又不是对以往实践的简单回溯，在其中包含新的建筑类型。在图斯克拉诺，无论是建筑类型还是内容，其逼真性都令人信服。类似地，在更早之前(准确时间为1942年到1945年)，卡洛斯·劳尔·比利亚努埃瓦所规划的位于委内瑞拉加拉加斯的锡伦西奥社区，其城市建筑特点与加拉加斯人的食宿和日常生活写照息息相关，也符合现代街坊式住房和混合开发的规定。[14]结果，图斯克拉诺在现代主义风格的规划、施工和建筑表现手法上不拘一格地融入传统的形式和装饰花纹，使得建筑群象征性地将乡村生活和现代都市生活的理念结合在一起。较近期且在象征性上略逊一筹的是由雷姆·库哈斯设计的鹿特丹美术馆所呈现的肮脏现实主义。该工程在1987年到1991年间完工，巧妙地将符合建筑所处主干道周边环境的常见素材和元素，诸如波纹的玻璃纤维片和大型的广告牌217等，和石头等传统的建材和较其他同类型机构更具典雅美的整体形式融合。在建筑中，再加入下行并贯穿筑堤的人行道，不仅有效地将办公区域一分为二，同时体现国有机构的公众可及性理念。

最后，公民现实主义的第五条检验标准是场所不仅要用于集体实践和仪式，也要适宜人居住和体验。不难发现，在纽约城里特定地点和形式的曼哈顿网格化布局恰巧例证了这一点。更具体的例子还包括类似传统拉丁美洲小镇中宪法广场这样的城市附属物和空间，比如锡伦西奥。在《西印度群岛法》中对于这一类广场或主要集会空间的规划都有明确规定，普遍适用于拉丁美洲的大部分西班牙殖民地，比如墨西哥的瓦哈卡州、危地马拉的安提瓜和委内瑞拉的科多。然而，每一个广场都以某种特定的方式建造，尤其是当人们必经外缘的拱廊进入宪法广场中央时，总是会发现环形区域中各异的陈设和景观特征。在那里，无论是个人的抑或是集体的活动都能够有条不紊地开展。悠闲地让鞋童为你擦鞋、喝咖啡、读报、闲聊、听音乐会或是参加政治集会，所有这些需求都能在广场得到满足。令人惊奇的是，有时候甚至能同时被满足。可是，诸如纽约的布莱恩特公园等现代版的宪法广场，似乎只呈现人类行为中最好的一面。我们也显然更愿意去别的地方做那些不那么崇高和得体的个体或集体行为。

综上所述，一件好的公民现实主义作品必须同时具备为人所熟悉、多元主义以及带有批判性三个特点，且至少最后一个特点在建筑上要能持续地体现。它同时也必须是具体的、与社会相关的、超验的且与日常生活中个人及集体性体验息息相关的。除此之外，它也与建造及刻画细节时所使用的表现手法的不断进步密不可分。 218

迈向有理有据的现代性

此时此刻，尤其是在着重突出五项平衡检验标准并且解决其中的内在矛盾之后，人们不禁要问，建筑和城市规划究竟是如何促成公民现实主义的实践呢？瓦蒂莫对建筑哲学意义的理解为人所津津乐道：建筑是直观表述社会政治批判的“弱”手段。[15]建筑中的符号是任意的，而城市规划让它在许多方面都比其他艺术形式更难以明确地表达意义。建筑和城市规划总是会涉及多项议程和程序性要求，经常会转移人们对于高度具体的表达及符号意义准确性的注意力。更何况，某些概念矛盾需要被特别关注。举例来说，根深蒂固的本土城市建筑传统常常意味着存在多种形式的语境论、民间风格以及某种形式的场所精神等。当这样一种传统主要源于文化传承，就非常值得贯彻和延续该本土化导向。但是，当诉诸传统将引发怀旧情绪甚至对于过往的迷恋时，那遵从传统显然就不合时宜。

所幸，在对墨西哥城中两处历史遗留区域及时的翻修过程中，并没有采取上述方式。霍奇米尔科是辉煌的阿兹特克文明的最后一处遗迹，当时早期的定居者用装载着泥土和有机物的浮田漂浮在广阔的湖面之上。[16]就在不久前，霍奇米尔科被改造成一个公共园林和生态保护区。积年累月的忽视使霍奇米尔科令人叹为观止的航道被植被和瓦砾阻塞，正在慢慢地消亡。这一墨西哥文化遗产的必要特征由于政府官员和社团领袖的激进行为几乎处于被完全破坏的边缘，幸而最终被保留下来。不过，翻修工程并未试图复制还原历史环境而留下维护保养的隐患，反而将新的用途和园林景观融入整个规划中。马里奥·谢特兰所设计的湖滨公园是对神话与现实的重新诠释，轻而易举地将考古发现融入公园的教育和环保主题中。简言之，现代墨西哥的景观建筑与传统的行事方式，也就是文化相关性，被很好地整合在一起。公园昔日的辉煌也以一种尽可能持久的方式被重塑。与之相并行，在豪尔赫·甘波亚·德·布恩巧妙的指导下，墨西哥城宽阔的历史中心经历着细致的、渐进式的翻修。[17]历史中心是拉丁美洲现存最大的16世纪和17世纪建筑群保护区，也曾经被忽视、被毁坏并看似难以修复。经过公共部门和私人部门的共同努力以及民间社团间的通力合作，为陈旧的建筑结构创造了新的方案，更是以异乎寻常的智慧、才能与天赋将传统的和现代的建筑风格相糅合。翻修的成果在保留墨西哥文化遗产重要面貌的同时，将新气象带入这座城市的中心。

220

现代建筑和城市规划本身通常暗含适度的包容性，其另一个内含于平衡检验的理念可能由于过度的多方施压而最终屈服于地方利益，任何可能意义上的一致同意和事物间普遍存在的持久性却被彻底牺牲。不幸的是，近来美国当地已经开始出现的“邻避综合征”，无疑就是典型的案例。许多社团就社会公平问题以及向少数族裔群体提供足够服务和庇护所等进行抗争。由于缺乏上层的政府规章，一些本地社团一度偏离原本的目标，以保护本地文化之名抵制经济适用房的建设。虽然政府试图伪装，但大片分区只不过是为了有区别地实施经济实践的花招。更容易被理解的是，由于激烈的抵制使得建造许多像废物处理场和固体垃圾填埋场这类不那么受欢迎却必要的服务设施变成政治皮球。事实上，归根结底，“邻避综合征”这一短语的产生是因为人们渴望充分享受一项服务的好处却假定自己不需要为服务的提供承担太多直接责任。如洪水和地面沉降等区域性自然现象的威胁必定会刺激地方在更大事业上的利益。广泛的区域认同感也会产生同样的效果，尤其当它对人们有利且能带来经济利益时。尽管本章节在之前已经解释过城市设计理应是有针对性的，但当我们过分追求程序上的特性时，很有可能为了应对不断变化的需求而对规划时不时做出修改和替换，花费巨大，以至很难产生持久性。相反，在不考虑社会排他性和程序特性的基础上追求设计的针对性，可能让更多人而不仅仅是一部分人产生持久的认同感并达成统一的意见。

221

就城市建筑而言，要解决五大悖论并对其加以建设性地利用就需要调和所有盛行的有关风格或其他首要设计规定的单一理念。但同时，任何建立调和的方法都要避免把建筑变得过度本土化、有针对性和特异，以达到支持公民现实主义所主张的更广泛一致同意的目的。幸运的是，如我们所见，折中主义和对各种类别的借鉴，从引文到有意识地使用异质性的参考文献（这里再一次以文学为例），能极富成效地解决这些悖论，并创造具有活力的公民领域。但附带条件是维持对语言的开发，以追求体裁的逼真。巴黎的后现代主义和卢布尔雅那的区域折中主义就是成功践行了此塑造公民城市建筑的一般方法。尽管不是十分明显，但巴塞罗那的“加泰罗尼亚现代主义”也是一个成功的案例。它事实上并非是一种风格，而更多是如何寻求建筑与城市的情境、历史、当地的环境以及社会需求相契合的一种方法。在那里的一大批开放空间的建设项目中，一些是极小型的，比如皇家广场，另一些却不是。尽管如此，将它们放在一起看，就会发现存在一种独特的建造公共场所的“加泰罗尼亚模式”，与巴塞罗那其他历史时期的情况相近。我们在第五章中也看到过类似的共性和特性，纽约近年来建造的多处全然不同的公共场所也有其常见的一般特征。

222

然而，在建筑形式上缺乏纯粹性和单一性，就像上述实例表明的那样，并不是解决那些内含于平衡检验之中悖论的唯一方法，也不是成功实践公民现实主义的唯一途径。毕竟，埃菲尔铁塔不具备上述任何一个特点，至少都不怎么充分。然而，它真实反映了当时的技术和经济事实，更是那个时代必要的存在，单凭这两点就无法否认它是一个公民符号，也是一件现实主义作品。[18]它无疑是地方性的，事实上它是独一无二的，却随着时间的推移确实地超越其地方性，成为代表巴黎的独有符号，也成为一个代表法国的符号。不过，巴黎人并不总是十分清楚地意识到它的重要性。在为1889年世博会所设计的埃菲尔铁塔初稿中，钢铁结构沿着四个塔基以不可阻挡之势向顶点延伸。[19]尽管这个形状在结构上是合理的，但在许多人看来并不稳定，结果不得不在铁塔中部加入平台和拱形，使底部形成类似“裙摆”的形态。这些改动所带来的一个效果是原本明显意在提升工程学艺术性的铁塔结构，可以说，被美化回19世纪的风格，这令设计者感到十分懊恼。不过，出乎意料的是，作为一个公民符号，它很快就获得人们的喜爱。此外，它的造型很常见，让人产生亲近之感，这充分给予不同个体广阔的想象空间，可以有自己对铁塔的理解，也可以找到自身与它的关联。对于一些巴黎人而言，它可能已经成为特殊的约会场所，而在另一些人看来它是度周末的好去处或是判定城市发展的依据。但总的来说，它很快成了提醒人们自己正身处巴黎的符号，也是城市文化和公民生活的象征。

本书在提及案例时，反复论证在城市建筑设计这方面，公民现实主义实践的成败取决于所谓的“有理有据的现代性”。这一立场无疑与时下流行的单一的、概莫能外的或者全面的艺术表现论的尝试相悖，比如任何正统意义的现代主义、后现代主义或者解构主义。鉴于之前所论述的评判标准，这些看似面面俱到的主张几乎注定是失败的，它们赞成本

223

质上只存在一个整体，而有可能将关于人与场所的争论的不同观点进行加总。但反过来，有理有据的现代性也极力反对因为过分刻意地追求地方主义、传统和民间风格而导致文化上的僵化和泾渭分明。上述路径也极有可能沦为历史论，意指建筑并不属于今时今日。不幸的是，近来借着所谓“新城市主义运动”的浪潮，许多对美国郊区空间特征的改造和推进其公民生活进程的尝试都带有上述这些特点。建筑和城市设计中有理有据的现代性似乎更能说明风格、理论主张和历史决定论，却又超越三者，带来一些更为复杂和真实的东西。在概念论论证中哪些主张或者术语应该被着重强调，这显然取决于现行的环境和社会文化期望。

出于其他一些缘由，正统的建筑学说在公民现实主义实践中只被部分使用。之前曾经提及过的现代主义信条在工艺性能、经济运作、简约性、施工效率、功能合宜性等方面都是最具可行性的，它不是基于纯粹的审美角度。然而，在资产阶级文化盛行，社会拥有合理数量的财富以及对技术性能要求相对宽松的大环境中，不是所有这些特性都适用。很明显，在这样的背景之下，公民现实主义必须有一些其他的特性。同样地，所谓后现代的生产模式主要以简易的消费主义和商品化为特征，这些对于公民现实主义毫无价值。这种生产模式极大地满足了个人的口腹之欲，却意味着并未留有可被传承的事物用以帮助人们实现更崇高的文化目标和公民使命。与之相类似，过度认同和颂扬社会中各类多元化的利益也存在极高的风险，可能致使人们将这些利益奉若神明，却牺牲了其他利益。近来极其常见的建筑实践集中关注现下社会和物质生活中的阴暗面和细枝末节，将其视作当代城市建筑的基础，这无疑是种错位。引起人们对社会问题和弊端的关注是一回事，着重强调这些缺陷并进而以公民现实主义所要求的方式有效地推进其发展则完全是另外一回事。 224

让我们重回在本章节伊始提出的问题，建筑和城市规划能为公民现实主义做些什么？很明显，一种回答是我们应当认真谨慎地与现存之物共存。换句话说，它们的职责是重新定位处在特定时期特定地点的人们对程序、形式以及审美的判断。毕竟，公民现实主义归根结底是一种实践而不是一件东西。此外，无论是善加利用现有的资源还是将脑海中的图景转变成真实的城市景观都有两种方式：抵制和接受。坎波广场历经几代人的演化进程就是如此，部分是对城市生活的高调颂扬，部分是以极具地方特色的方式应对实践上的迫切需求。斯洛文尼亚人也是通过他们的建筑师以及卢布尔雅那的建筑和公共工程来主张民族独立。此外，巴塞罗那的加泰罗尼亚人和巴黎人也用类似的大型工程来表现民族特色。毕竟这些实例中的公民现实主义都只是事后对实际发生的状况加以概念重构，因此日常的甚或罕见的城市建筑设计实践都有意或无意地被利用以达成更广大的公民目标。在所有案例中都十分肯定地方认同，但拒不接受对社会有害的、被排除在宏伟计划之外的事物。如我们所见，这一点并不总能完全做到。在苏豪区，中产阶级化损害了一部分 225 人的利益，无家可归的人被迫离开汤普金斯广场公园。此外，任何情况下都要抵制极端形式的地方主义和地方性利益以确保通过城市公共项目和建筑所表现的是普遍的且人们所共同秉持的文化观念。同时，拒绝和接受的过程远非守旧。在卢布尔雅那和锡耶纳等地，它既推进了大范围公民社会的发展，也同时符合国家利益。反而，人们所关注的社会和文化问题并不一定都能得到体现。然而，根据定义，建筑本身必定会创造出一个特别的框架或者环境，因而不可避免地推崇某些社会制度和行事准则。践行公民现实主义的宗旨是兼具包容性和开放性，但并不追求面面俱到。

那么，还有什么其他可做的呢？从更基本的社会政治层面，我们已然发现，社会自行组织并扩展社团、关系和其他事务的能力，也是构成公民社会的首要因素，必须时常被提升和强化。再次引用罗伯特·普特南的学术概念，我们应该摆脱“独自打保龄球”的现状。“工作中的联系”也无法取代人们直接参与志愿活动所建立的社会关系。为了营救被暴力团伙无情摧毁的洛杉矶东部一所学校中的孩童，他们的母亲所组成的志愿者组织应该算得上是有力而又非比寻常的例证。皮科花园小区和阿利索村小区合起来是密西西比以西最大的公共居住区，是洛杉矶罗马天主教大主教区中最贫穷的教区，也是黑帮活动最密集的区域。[20]在当地社区领袖博伊尔神父和派姆·麦克杜菲的组织下，志愿者始终坚持与黑帮成员抗争，对不作为的政府当局施压令其采取行动，并力图为邻里街坊带去安全、自尊和希望。与基层社群的解放神学一样，他们经常问这样一个问题："如果是耶稣，他会怎么做？"[21]国家机构在许多其他地方是非常积极的，同样积极的还有试图控制其规模和相对影响力的尝试。尽管有一些很好的实例，但关于什么样的社会、政治和文化布局才能建设性地取代现有的组织联盟这一问题还并不是很明晰。虽然这些问题都与城市建筑规划无关，但是我们如何规划，尤其是如何规划公共领域，可能有助于或妨碍任何特定政治派别试图建立更强大公民社会的努力。换句话说，城市建筑规划是大议题的一个维度，这个议题就是如何将明显的公民特性带回到我们所居住的城市，这就要求我们一丝不苟地实践公民现实主义。

226

227

“妈的！这是你抽的第一根也是唯一的一根烟。”西蒙妮喃喃自语，她胡乱地找着火柴，跌跌撞撞地向亮光走去，仍然处于神志不清的状态。“你喝得太多了。”她斥责自己道，嘴巴就像棉花一样无力。“再喝一杯，大概一年又要过去了。”她木然地想着，冲自己做了一个鬼脸。“好吧！某些事总是在改变，但总有些事是不变的——感谢上帝！”她很快补了一句，怅惘地望着屋顶窗外的“庞然大物”，她的妈妈总是喜欢这么叫它。在寒冷的晨光映照下，那不加修饰却又异常熟悉的轮廓依稀可见。

“但愿吉尔伯特没有忘记。”当她第无数次焦虑地看着她的手表时，她暗自思忖。“虽然对他来说还早。”她继续默念。“为什么他总是要迟到？可能他在另一边等我？”西蒙妮突然想到她自己可能站错了地方，并不在长廊的这一边。“我一直不理解为什么吉尔伯特这么喜欢在这里见面。这里太显眼，又过于感伤。不过，风景倒是不错。”她观察着周围。“从托卡迪罗到埃菲尔铁塔和战神广场的空间是如此宽阔和壮丽，所有那些人都在列队向那里行进。”她继续自言自语道，无意识地用手比画着，显然是在与自己狭窄的住所做比较。“好吧！”她想着，神情变得柔和一些，“我猜想我不应该抱怨吉尔伯特的多愁善感。毕竟，埃菲尔铁塔是祖母遇见当时正准备回家的乔治的地方。它值得被记住。”她依稀地回忆着，并再次焦虑地看了看她的手表，踩灭了香烟。

——皮埃尔·格里蒙德，《比强更强》

注 释

本书每章开头或结尾的故事均源于真人真事，为作者在写作这本书的过程中听闻。彼得罗·卢比诺、佩德罗·A.卢波-加西亚、皮耶罗·G.蒙特威尔第、彼得·克莱内沃尔夫、塔比·拉塞勒和皮埃尔·格里蒙德皆出自想象，实为同一个人。

Chapter 1

1. Giuliano Procacci, *History of the Italian People* (London: Penguin Books, 1968), 13f.

2. Ibid., 64f.

3. Ibid., 30f.

4. Ibid., 64.

5. Ibid., 32.

6. Ibid., 49.

7. William M. Bowsky, *A Medieval Italian Commune: Siena under the Nine, 1287–1355* (Berkeley: University of California Press, 1981), 1f.

8. Ibid. and Mario Ascheri, *Renaissance Siena: 1355–1559* (Siena: Nuova Immagine Editrice, 1993), 10.

9. Bowsky, *A Medieval Italian Commune,* 2.

10. Daniel Waley, *Siena and the Sienese in the Thirteenth Century* (New York: Cambridge University Press, 1991), 2f.

11. Bowsky, *A Medieval Italian Commune,* 184f.

12. Ibid., 1–22.

13. Ibid. and Procacci, *History of the Italian People,* 64f.

14. Procacci, *History of the Italian People,* 64f.

15. Bowsky, *A Medieval Italian Commune,* 20f.

16. Ibid., 22.

17. Ibid., 81f.

18. Ibid., 186f.

19. Iris Origo, *The Merchant of Prato: Daily Life in a Medieval Italian City* (London: Peregrine Books, 1963). See also David Herilhy and Christiane Klapisch-Zuber, *Tuscans and Tuscan Families: A Study of Florentine Catasto of 1427* (New Haven: Yale University Press, 1985).

20. Waley, *Siena and the Sienese in the Thirteenth Century,* 6.

21. Ibid., 12f.

22. Ibid.

23. Ibid., 8.

24. Bowsky, *A Medieval Italian Commune,* 185.

25. Ibid., 13.

26. Alan Dundes and Alessandro Falassi, *La terra in piazza: An Interpretation of the Palio of Siena* (Berkeley: University of California Press, 1975), 12f.

27. Ibid., 43.

28. 以下涉及锡耶纳政府变迁的段落基于 Bowsky, *A Medieval Commune*, Waley, *Siena and the Sienese in the Thirteenth Century*, and Ascheri, *Renaissance Siena: 1355–1559*。

29. Ascheri, *Renaissance Siena: 1355–1559,* 13–14.

30. Ibid., 12.

31. Ibid., 10, and Procacci, *History of the Italian People,* 57.

32. Procacci, *History of the Italian People,* 56–60.

33. Waley, *Siena and the Sienese in the Thirteenth Century,* 5.

34. Ibid.

35. Lando Bortolotti, *Le città nella storia d'Italia: Siena* (Rome: Laterza and Figli, 1983), 35.

36. Ibid., 35f, and Enrico Guidoni, *Il Campo di Siena* (Rome: Multigrafica Editrice, 1971).

37. Bortolotti, *Le città nella storia d'Italia: Siena,* 38.

38. Ibid., 40, and Dundes and Falassi, *La terra in piazza,* 231.

39. Bortolotti, *Le città nella storia d'Italia: Siena,* 37.

40. Waley, *Siena and the Sienese in the Thirteenth Century,* 4, and Bowsky, *A Medieval Italian Commune,* 286.

41. Bortolotti, *Le città nella storia d'Italia: Siena,* 42.

42. Ibid., 40.

43. Ibid., 36.

44. Bowsky, *A Medieval Italian Commune,* 260f, and Umberto Eco, *Art and Beauty in the Middle Ages* (New Haven: Yale University Press, 1986), 93f.

45. Bowsky, *A Medieval Italian Commune,* 289.

46. Ascheri, *Renaissance Siena: 1355–1559,* 25f.

47. Ibid.

48. Dundes and Falassi, *La terra in piazza,* 4.

49. Ibid., 1f.

50. Ibid., 7f. See also Giovanni Cecchini and Dario Nevi, *The Palio of Siena* (Siena: Monte dei Paschi, 1958).

51. Dundes and Falassi, *La terra in piazza,* 5.

52. Ibid., 48f.

53. Ibid., 185f.

54. Ibid., 199.

55. Guidoni, *Il Campo di Siena,* 56f.

56. Benjamin Woolley, *Virtual Worlds* (London: Penguin Books, 1992).

57. "放大特写"的类比由费利西蒂·斯科特提供。

其他参考文献包括: Jacob Burckhardt, *The Civilization of the Renaissance in Italy* (London: Penguin, 1990); Ubaldo Cagliaritano, *The History of Siena* (Siena: Periccioli, Edition, 1983); Langston Douglas, *A History of Siena* (London: John Murrey, 1902); Silvio Gigli, *The Palio of Siena* (Siena: Stefano Venturini Editore, 1960); Richard A. Goldthwaite, *Wealth and the Demand for Art in Italy* (Baltimore: Johns Hopkins University Press, 1993); Milland Meiss, *Painting in Florence and Siena after the Black Plague* (Princeton: Princeton University Press, 1951); Ferdinand Scherill, *Siena: The History of a Medieval Commune* (New York: Commons), and Daniel Waley, *The Italian City-Republics* (New York: Longman, 1988)。

Chapter 2

1. Victor M. Pérez-Díaz, *The Return of Civil Society: The Emergence of Democratic Spain* (Cambridge, MA: Harvard University Press, 1993), 55.

2. Ibid., 54–55.

3. 以下涉及巴塞罗那城市公共场所的描述基于以下文献的实地观察，其中尤以Joan Busquets, “Barcelona,” *Rassegna* 37为主；Joan Busquets, *Barcelona: Evolucíon urbanistica de una capital compacta* (Madrid: Mapfre, 1992); Peter G. Rowe, *The Urban Public Spaces of Barcelona, 1981–1987* (Cambridge, MA: Harvard University Graduate School of Design, 1991; and M. Cristina Tullio, *Spazi pubblici contemporanei: Innovazione e identità a Barcelona e in Catalogna* (Rome: Quaderini de Au, Editrice in ASA, 1987)。

4. Joan Busquets (ed.), *Cerdà: Readings on Cerdà and the Extension Plan of Barcelona* (Barcelona: Ajuntament de Barcelona, 1992).

5. Rowe, *The Urban Public Spaces of Barcelona,* 7f.

6. Busquets, *Barcelona,* 313f.

7. Ajuntament de Barcelona, *Barcelona: Spaces and Sculptures, 1982–1986* (Barcelona: Joan Miró Foundation, 1987).

8. Tullio, *Spazi pubblici contemporanei.*

9. Oriol Bohigas, *Reconstruction of Barcelona* (Madrid: MOPU Arquitectura, 1986).

10. Ibid.

11. Peter Buchanan, “Regenerating Barcelona with Parks and Plazas,” *Archictural Review* (June): 32–46.

12. Robert Hughes, *Barcelona* (London: Harvill,1992), 284–285. See also Manuel Vásquez Montalban, *Barcelonas* (London: Verso, 1992).

13. Antoni Llagostera and Maria Lluïsa Selga, *Olympic Barcelona: The Renewed City* (Barcelona: Ambit Serveis Editorials, S.A., 1994).

14. John Hooper, *The Spaniards: A Portrait of the New Spain* (London: Pelican, 1986), 22f.

15. Ibid.

16. William C. Atkinson, *A History of Spain and Portugal* (London: Pelican, 1960), 330f.

17. Hooper, *The Spaniards,* 30.

18. Pérez-Díaz, *The Return of Civil Society,* 26f.

19. Jean L. Cohen and Andrew Arato, *Civil Society and Political Theory* (Cambridge, MA: The MIT Press, 1995), 29f.

20. Hooper, *The Spaniards,* 183f.

21. Bruce Robbins, *The Phantom Public Sphere* (Minneapolis: University of Minnesota Press, 1993).

22. Richard Sennett, *The Uses of Disorder: Personal Identity and City Life* (New York: W. W. Norton, 1970) and *The Fall of Public Man* (New York: W. W. Norton, 1974).

23. David Harvey, *The Condition of Post-Modernity* (London: Basil Blackwell, 1989).

24. Hannah Arendt, *The Human Condition* (Chicago: University of Chicago Press, 1971).

25. Jürgen Habermas, *The Structural Transformation of the Public Sphere: An Inquiry into the Category of Bourgeois Society* (Cambridge, MA: The MIT Press, 1991).

26. Ibid., 2f.

27. Ibid., 19.

28. Seyla Benhabib, *Situating the Self: Gender, Community, and Postmodern Contemporary Ethics* (New York: Routledge, 1992), 104f.

29. Cohen and Arato, *Civil Society and Political Theory,* ix.

30. Arendt, *The Human Condition.*

31. Pérez-Díaz, *The Return of Civil Society,* 65f.

32. Arendt, *The Human Condition,* 57.

33. Benhabib, *Situating the Self,* 95f.

34. Georg Wilhelm Hegel, *Philosophy of Right* (Oxford: Clarendon Press, 1967).

35. Oskar Negt and Alexander Kluge, "The Public Sphere and Experience: Selections," *October* 46: 60–82.

36. Cohen and Arato, *Civil Society and Political Theory,* 118f.

37. Ibid., 142f.

38. Hughes, *Barcelona,* 374f.

39. Daniel Patrick Moynihan, "Civic Architecture," *Architectural Record* 142 (December): 107.

40. François Chaslin, *Le Paris de François Mitterand: Histoire des grands projets architecturaux* (Paris: Gallimard, 1985), and Anthony Sutcliffe, *Paris: An Architectural History* (New Haven: Yale University Press, 1993), 184–206.

41. Sutcliffe, *Paris: An Architectural History,* 184–206.

42. Ibid., 200.

43. Ibid., 160.

44. Ibid., 173.

45. Ibid., 186.

46. 以下涉及拉维莱特公园的描述，除作者本人的实地调研外，主要基于Etablissement Public du Parc de la Villette, *La Villette: A Large Urban Project, A New Calling* (Paris: E.P.P.V., December 1993); Pierre-Charles Krieg, *Cahiers de L'I.A.U.R.I.F.* (no. 90), 5–36; *Paris Projet,* "Espaces Publics" (Numero 30–31, 1993); and Toshio Nakumura, "Bernard Tschumi, 1983–1993," *A & U: Architecture and Urbanism* (March 1994)。

47. Etablissement Public du Parc de la Villette, *La Villette.*

48. Richard Dagenhart, "Urban Architectural Theory and the Contemporary City: Tschumi and Koolhaas at the Parc de la Villette," *Ekistics* 334 (January/February 1989).

49. Bernard Tschumi, "The La Villette Park Competition," *Princeton Architectural Review* 2 (1983): 208.

50. Etablissement Public du Parc de la Villette, *La Villette.*

51. Ibid., 25f.

52. 以下涉及雪铁龙公园的描述，除作者本人的实地调研外，主要基于Robert Holden, "New Parks for Paris: Landscape Art and the State," *Architecture Journal* 12 (July 1989): 57–67; and Thomas Vonier, "Non-Parallel Parking: Two Divergent Approaches to Urban Parks in Paris," *Progressive Architecture* 74, no. 10 (October 1993): 66–72。这部分还基于彼时在哈佛设计研究院攻读研究生的马克·爱德华·帕斯尼克的研究成果。

53. Anthony Vidler, *The Architectural Uncanny* (Cambridge, MA: The MIT Press, 1994), 220.

其他参考文献包括：Nathan Glazer and Mark Lilla, eds., *The Public Face of Architecture: Civic Culture and Public Spaces* (New York: The Free Press, 1987); W. J. T. Mitchell, *Art and Public Sphere* (Chicago: University of Chicago Press, 1992); Z. A. Pelczynski, ed., *The State and Civil Society* (New York: Cambridge University Press, 1984); John Rawls, *Political Liberalism* (New York: Columbia University Press, 1993); Charles Taylor, *Multiculturalism and the Politics of Recognition* (Princeton: Princeton University

Press, 1992), and *Philosophical Arguments* (Cambridge, MA: Harvard University Press, 1995)。

Chapter 3

1. Georg Wilhelm Hegel, *Aesthetics* (London: Oxford University Press, 1975), 11, and Hans-Georg Gadamer, *The Relevance of the Beautiful and Other Essays* (New York: Cambridge University Press, 1986), 5.

2. Gadamer, *The Relevance of the Beautiful,* 3.

3. David Papineau, *Reality and Representation* (London: Blackwell, 1987).

4. Nelson Goodman, *Ways of World Making* (Cambridge, MA: Hackett Publishing Company), 2.

5. Hilary Putnam, *The Many Faces of Realism* (La Salle, IL: Open Court, 1987), 17.

6. Ibid.

7. Linda Nochlin, *Realism* (London: Penguin Books, 1971),13.

8. Ibid.

9. Ibid., 112f.

10. Adam Gopnik, "Whistler in the Dark," *New Yorker,* July 17, 1995, 68–73.

11. Nochlin, *Realism,* 20.

12. Milan Kundera, *Testaments Betrayed: An Essay in Nine Parts* (New York: Harper Collins, 1993), 131.

13. Nochlin, *Realism,* 137f.

14. Ibid., 137.

15. Ibid., 17.

16. J. A. Ward, *American Silences: The Realism of James Agee, Walker Evans, and Edward Hopper* (Baton Rouge: Louisiana State University Press, 1985), 6f.

17. Ibid., 10.

18. Ibid., 7f.

19. Kundera, *Testaments Betrayed,* 131.

20. Ibid., 132.

21. Georg Lukács, *Essays on Realism* (Cambridge, MA: The MIT Press, 1980).

22. Ibid., 47f.

23. Ibid.

24. Bertolt Brecht, "The Popular and the Realistic," in *Brecht on Theatre* (London: Methuen, 1964), 107–112.

25. E. Bloch, G. Lukács, B. Brecht, W. Benjamin, and T. Adorno, *Aesthetics and Politics* (London: New Left Books, 1977).

26. Lambert Zuidervaart, *Adorno's Aesthetic Theory: The Redemption of Illusion* (Cambridge, MA: The MIT Press, 1994), 93.

27. Ibid., 95.

28. Bloch et al., *Aesthetics and Politics,* 134.

29. Briony Fer, David Batchelor, and Paul Wood, *Realism, Rationalism, Surrealism: Art Between the Wars* (New Haven: Yale University Press, 1993), 256f.

30. Ibid., 260.

31. Ibid., 263f.

32. 描述基于Peter Noever, *Tyrannei Des Schöen: Architektur Der Stalin-Zeit* (Munich: Pestel, 1994)。

33. Fer, Batchelor, and Wood, *Realism, Rationalism, Surrealism,* 294.

34. Peter G. Rowe, *Modernity and Housing* (Cambridge, MA: The MIT Press, 1993), 35f.

35. Ibid., 128f.

36. Ibid., 35f.

37. Diego Rivera, *My Art, My Life: An Autobiography* (New York: Dover, 1986).

38. 以下涉及洛克菲勒中心的描述基于以下文献的实地观察，其中尤以Samuel Chamberlain, *Rockefeller Center* (New York: Hastings House, 1949) 为主；Robert A. M. Stern, Gregory Gilmartin, and Thomas Mellins, *New York 1930: Architecture and Urbanism Between the Two World Wars* (New York: Rizzoli, 1987), 617–672, and Elliot Willensky and Norral White, *AIA Guide to New York* (New York: Harcourt Brace Jovanovich, 1988), 272–274。

39. Stern, Gilmartin, and Mellins, *New York 1930,* 639.

40. 参见以下图片新闻报道Chamber-lain, *Rockefeller Center*。

41. Rivera, *My Art, My Life,* 124f.

42. Ibid.

43. Gertrude Stein, *Everybody's Autobiography* (New York: Random House, 1937), 202.

44. Nochlin, *Realism,* 217f.

45. Jorge Silvetti, "On Realism in Architecture," *The Harvard Architecture Review 1* (Spring 1980): 12.

46. 以下涉及意大利新现实主义的概述主要基于Germano Celant, *The Italian Metamorphosis, 1943–1968* (New York: The Solomon R. Guggenheim Foundation, 1994); Peter Bondanella, *Italian Cinema: From Neorealism to the Present* (New York: Frederick Ungar Publishing Co., 1983), and Schwartz, Barth David, *Pasolini: Requiem* (New York: Vintage Books, 1992)，以及同彼得罗·巴鲁齐的对谈。

47. 基于以下文献中的数据分析：Paul Ginsborg, *A History of Contemporary Italy: Society and Politics 1943–1988* (London: Penguin Books, 1990), 434f。

48. Italo Insolera, *Roma Moderna: Un secolo di storia urbanistica 1870–1970* (Rome: Einaudi, 1993), 102.

49. Ginsborg, *A History of Contemporary Italy,* 210f.

50. 基于以下文献的数据：ibid., 439f。

51. Ibid., 173f.

52. Paul Furlong, *Modern Italy: Representation and Reform* (London: Routledge, 1994), 3.

53. 以下涉及战后意大利的政治生活的概述主要基于Ginsborg, *A History of Contemporary Italy* and Furlong, *Modern Italy*。

54. Insolera, *Roma Moderna,* 102f.

55. 涉及范范尼与基督教民主党的细节基于Ginsborg, *A History of Contemporary Italy,* 165f。

56. Ibid., 246.

57. Paul Wendt, "Post–World War II Housing Policies in Italy," (*Land Economics* (March 1962): 129.

58. Manfredo Tafuri, *History of Italian Architecture, 1944–1985* (Cambridge, MA: The MIT Press), 15.

59. Insolera, *Roma Moderna,* 127.

60. 涉及博格特的概述主要基于ibid., 127f。这一术语也被广泛用来指代第二次世界大战之前、期间和之后在罗马郊区建造起来的临时棚屋和非正式定居点。

61. Peter Bondanella, *The Films of Roberto Rossellini* (London: Cambridge University Press, 1993), 5.

62. Insolera, *Roma Moderna,* 102.

63. 这些描述基于以下文献的实地观察，其中尤以Giovanni Astengo, "Nuovi quartieri in Italia," *Urbanistica* 7 (1951): 9–25为主；Carlo Aymonino, "Tiburtino: storia e croniche," *Casabella* 215 (April–May 1957): 19–23; and Piero Ostillo Rossi, *Roma: Giuida all'architettura moderna 1909–1991* (Rome: Editori Laterza, 1991)。

64. Ibid., 172. Also P. Ciorra, *Ludovico Quaroni, 1911–1987* (Milan: Electa, 1989), 92–99.

65. Rossi, *Roma,* 173.

66. 1995年11月与彼得罗·巴鲁齐的对谈。

67. Tafuri, *History of Italian Architecture,* 11f, and Rossi, *Roma,* 173.

68. Tafuri, *History of Italian Architecture,* 13, and Rowe, *Modernity and Housing,* 84.

69. Tafuri, *History of Italian Architecture,* 13.

70. Rossi, *Roma,* 174f.

71. Ibid., 176.

72. Ibid.

73. 1995年9月与彼得罗·巴鲁齐的对谈。

74. Tafuri, *History of Italian Architecture,* 30f. 另参见以下文献中的阐释性讨论：Ginsborg, *A History of Contemporary Italy,* 246f。

75. Based on data in Tafuri, *History of Italian Architecture,* 30, and Rowe, *Modernity and Housing,* 59.

76. Tafuri, *History of Italian Architecture,* 59.

77. Ibid., 30f.

78. Ibid.

79. Bondanella, *The Films of Roberto Rossellini,* 5.

80. Pier Paolo Pasolini, *Ragazzi di vita* (Turin: Einaudi, 1955) and Pier Paolo Pasolini, *Una vita violenta* (Turin: Einaudi, 1959).

81. Schwartz, *Pasolini,* 35f.

82. Silvetti, *On Realism in Architecture,* 11–34.

83. 1994年9月与理查德·普伦兹和劳蕾塔·温恰雷利（哥伦比亚大学）的对谈。

84. Michael Benedikt, *For an Architecture of Reality* (New York: Lumen Books, 1987).

85. Peter G. Rowe, ed., *Rodolfo Machado and Jorge Silvetti: Buildings for Cities* (New York: Rizzoli, 1989), 142.

86. K. Michael Hays, ed., *Unprecedented Realism: The Architecture of Machado and Silvetti* (New York: Princeton Architectural Press, 1995), 259f.

其他参考文献包括：G. Acasto, V. Fratcelli, and R. Nicolini, *L'architettura de Roma capitale: 1870–1970* (Rome: Golem, 1971); Sarah Faunce, *Gustave Courbet* (New York: Abrams, 1993); Francesco Garofalo and Luca Veresani, *Adalberto Libera* (New York: Princeton Architectural Press, 1992); Bernard B. Perlman, *Painters of the Ashcan School: The Immortal Eight* (New York: Dover, 1971); Giorgio Pigafetta, *Saverio Muratori architetto: Teoria e progetti* (Venice: Marsilio, 1990); and Marcello Rebecchini, *Architetti italiani: 1930–1960* (Rome: Officina Edixione, 1990)。

Chapter 4

1. Christine M. Boyer, *Manhattan Manners: Architecture and Style 1850–1900* (New York: Rizzoli, 1985), 8–9.

2. Eric Homberger, *The Historical Atlas of New York City* (New York: Swanston Publishing Limited, 1994), 90f.

3. Henri Lefebvre, *The Production of Space* (London: Blackwell, 1991).

4. Robert A. Woods and Albert J. Kennedy, *The Zone of Emergence* (Cambridge, MA: Harvard University Press).

5. 基于城市地图的标量测量。

6. Lefebvre, *The Production of Space,* 31–32.

7. Ibid., 32 and 58.

8. Ibid., 314.

9. Luc Sante, *Low Life: Lures and Snares of Old New York* (New York: Vintage Books, 1991), xiv.

10. Ibid., xix.

11. Lefebvre, *The Production of Space,* 292.

12. Landmarks Preservation Commission, *SoHo-Cast Iron Historic District Designation Report* (New York: City of New York, 1973).

13. 以下涉及苏豪区历史发展的段落基于ibid.; Homberger, *The Historical Atlas of New York City;* and James R.Hudson, *The Unanticipated City: Loft Conversions in Lower Manhattan* (Amherst: University of Massachusetts Press, 1987)。

14. 描述来自以下文献的"风格主义历史": Landmarks Preservation Commission, *SoHo-Cast Iron Historic District Designation Report*。

15. Ibid.

16. W. Koch, "Reflections on SoHo," in Ulrich Eckhardt and Werner Düttman, eds., *New York-Downtown Manhattan: SoHo* (Berlin: Akademie der Künste-Berliner Festwochen, 1976), 117.

17. Chester Rapkin, *The South Houston Industrial Area* (New York: New York City Planning Commission, 1963).

18. 苏豪区现代历史的方方面面都被很好地总结在Hudson, *The Unanticipated City*。

19. 如今有一份名为*SoHo Alliance*的季刊。

20. 这一法律至少早在1977年就通过了立法，以下文献对比有精彩的描述：Hudson, *The Unanticipated City,* 106–119。

21. Eric Homberger, *Scenes from the Life of a City* (New Haven: Yale University Press, 1994), 222–293.

22. Neil Smith, "New City, New Frontier: The Lower East Side as Wild, Wild West," in Michael Sorkin, ed., *Variations on a Theme Park: The New American City and the End of Public Space* (New York: The Noonday Press, 1992), 80–81.

23. Ibid.

24. Ibid.

25. Geoffrey Biddle, *Alphabet City* (Berkeley: University of California Press, 1992), and Kurt Hollander, *The Portable Lower East Side* (New York: The Portable Lower East Side, 1988).

26. Ibid.以及作者的实地观察。

27. 作者的实地观察以及同约翰·卢米斯的对谈。

28. 与作者就下东区的对谈。

29. 圈子和措辞的想法基于Miguel Algarin, "Loisaida: Alphabet City," in Biddle, *Alphabet City,* 6。

30. Rem Koolhaas, *Delirious New York: A Retroactive Manifesto for Manhattan* (New York: Oxford University Press, 1978), and Bernard Tschumi, *The Manhattan Transcripts* (London: St. Martin's Press, 1981).

31. Lefebvre, *The Production of Space,* 33.

32. Michel de Certeau, *The Practice of*

Everyday Life (Berkeley: University of California Press, 1984), 91.

33. Ibid., 91f and 115f.

34. Ibid., 104.

35. Ibid., 116, and Charlotte Linde and William Labov, "Spatial Networks as a Site for the Study of Language and Thought," *Language* 51 (1975): 924–939.

36. de Certeau, *The Practice of Everyday Life,* 97.

37. Paul Auster, *The New York Trilogy* (London: Penguin, 1986), 85.

38. Ibid., 189 and 195.

39. de Certeau, *The Practice of Everyday Life,* 96.

40. Stanley Cohen and Laurie Taylor, *Escape Attempts: The Theory of Practice of Resistance to Everyday Life* (London: Allen Lane, 1976).

41. Also based upon Peter L. Berger and Thomas Luckman, *The Social Construction of Reality* (London: Penguin, 1972), and Georg Simmel, *The Transcendent Character of Life* (Chicago: University of Chicago Press, 1971).

42. Cohen and Taylor, *Escape Attempts,* 30.

43. Ibid., 220f.

44. Ibid., 77.

45. Ibid., 225.

46. Johan Huizinga, *A Study of the Play Element in Culture* (London: Routledge and Kegan Paul, 1949), 13.

47. Amanda Dargan and Steven Zeitlin, *City Play* (New Brunswick: Rutgers University Press, 1990), 46.

48. Ibid., 50.

49. Ibid., 64.

50. Ibid., 40.

51. Paige R. Penland, "New Mexico Governor Gary Johnson Goes for a Ride," *Lowrider* (September 1995): 22–23.

52. 呈现在*Lowrider*杂志中。

53. Dargan and Zeitlin, *City Play,* 6.

54. Sante, *Low Life,* 320f.

55. Ibid., 323.

56. Ibid., 336.

57. Jennifer Toth, *The Mole People: Life in the Tunnels Beneath New York City* (Chicago: Chicago Review Press, 1993).

58. Sante, *Low Life,* 348.

59. Ibid., 354, and Smith, "New City, New Frontier," 62.

60. Smith, "New City, New Frontier," 62.

61. Ibid., 62f.

62. Homberger, *The Historical Atlas of New York City,* 162.

63. Ibid., 163.

64. Ibid.

65. Joint Center for Housing Studies, *State of the Nation in Housing* (Cambridge, MA: Harvard University, 1995).

66. Homberger, *Scenes from the Life of a City,* 219.

67. Ibid., 1–8.

68. Ibid., 212–218.

69. Ibid., 253.

70. Ibid., 253f.

71. Ibid., 253–260 and Elizabeth Stevenson, *Park Maker: A Life of Frederick Law Olmsted*

(New York: Macmillan, 1977).

72. Henry Hope Reed and Sophia Duckworth, *Central Park: A History and a Guide* (New York: Clarkston N. Potter, Inc., 1972), and Homberger, *Scenes from the Life of a City,* 280.

73. Attributed to Downing in Homberger, *Scenes from the Life of a City,* 234.

74. 例如，至少有两处非正规定居点的总共几千名居民在没有收到完整补偿的情况下被迁至别处。

75. Reed and Duckworth, *Central Park,* and Elliot Willensky and Norval White, *AIA Guide to New York* (New York: Harcourt Brace, 1988), 336–341.

其他参考文献包括：C. L. Byrd, *SoHo* (New York: Doubleday, 1981); Gregory Derek and John Urry, *Social Relations and Spatial Structures* (New York: Macmillan, 1985); Claude S. Fischer, *The Urban Experience* (New York: Harcourt Brace Jovanovich, 1976); Paul Goldberger, *The City Observed: New York* (New York: Vintage Books, 1979); Charles T. Goodsell, *The Social Meaning of Civic Space: Studying Political Authority through Architecture* (Lawrence, KA: University Press of Kansas, 1988); Antonio Gramsci, *Selections from the Prison Notebooks* (New York: International Publishers, 1971); Leo Marx, "The American Ideology of Space," in Staurt Wrede and William Howard Adams, eds., *Denatured Visions: Landscape and Culture in the Twentieth Century* (New York: Museum of Modern Art, 1991), and Edward T. Spann, *The New Metropolis: New York* (New York: Columbia University Press, 1981)。

Chapter 5

1. 以下描述基于 Stephen Clissold, ed., *A Short History of Yugoslavia* (London: Cambridge University Press, 1960); Dimitrije Djordjevic, ed., *The Creation of Yugoslavia 1914–1918* (Santa Barbara: Clio Books, 1980); and Stevan K. Pavlowitch, *Yugoslavia* (New York: Praeger Publishers, 1971), chapter 1。

2. 以下描述南斯拉夫在两次大战中成形的段落主要基于Ivo Banac, *The National Question in Yugoslavia: Origins, History, Politics* (Ithaca: Cornell University Press, 1984), Clissold, *A Short History of Yugoslavia,* and Pavlowitch, *Yugoslavia,* chapter 2。

3. Pavlowitch, *Yugoslavia,* 55.

4. Ibid., 60.

5. 以下描述政治事件的段落主要基于ibid., chapters 2 and 3。

6. Fred Singleton, *Twentieth-Century Yugoslavia* (New York: Columbia University Press, 1976), 76.

7. Pavlowitch, *Yugoslavia,* chapter 2.

8. Ibid.

9. Phil Wright, *The Political Economy of the Yugoslavia Revolution* (the Hague: Institute of Social Studies, 1985), 27.

10. Pavlowitch, *Yugoslavia,* 72f.

11. Singleton, *Twentieth-Century Yugoslavia,* 86.

12. Pavlowitch, *Yugoslavia,* chapter 2.

13. Ibid.

14. Based on Wright, *The Political Economy of the Yugoslav Revolution,* tables.

15. John A. Arnez, *Slovenia in European Affairs: Reflections on Slovenian Political History* (New York: League of CSA, 1958).

16. Ibid., 60–64.

17. Ibid., 140f.

18. Ibid., chapter titled *The Nazi and Fascist Occupations.*

19. 铁丝网和围墙的总长度接近30千米。

20. Singleton, *Twentieth-Century Yugoslavia,* tables.

21. Ibid.

22. Ibid., and Wright, *The Political Economy of the Yugoslav Revolution,* 14f.

23. Ibid.

24. Ibid.

25. Arnez, *Slovenia in European Affairs,* 140.

26. Ibid., 144f.

27. Ibid., 140.

28. Breda Mihelič, *Ljubljana City Guide* (Ljubljana: Državna Založba, 1990).

29. 也被称为艾摩那。

30. 以下规划历史主要基于Ian Bentley and Durda Gržan-Butina, *Jože Plečnik 1872–1957: Architecture and the City* (Oxford: Oxford Polytechnic, 1983), and Peter Krečič, *Plečnik's Ljubljana* (Ljubljana: Cankarjeva založba, 1991), 4–5。

31. Mihelič, *Ljubljana City Guide*, 79f.

32. Krečič, *Plečnik's Ljubljana,* 5, and Durda Gržan-Butina, "Ljubljana: Master Plan and Spatial Structure," in Bentley and Gržan-Butina, *Jože Plečnik 1872–1957,* 28–35.

33. Gržan-Butina, "Ljubljana," 28.

34. Bentley and Gržan-Butina, *Jože Plečnik 1872–1957* and terminology in Krečič, *Plečnik's Ljubljana,* 15f.

35. Richard M. Andrews, "Ljubljana: The River Sequence," in Bentley and Gržan-Butina, *Jože Plečnik 1872–1957,* 36–43.

36. Ibid.

37. 以下项目描述基于实地观察，其中尤以ibid.; Richard Bassett, "The Work of Plečnik in Ljubljana," *AA Files* 1, no. 2 (1982): 34–49为主; Alberto Ferlenga, "Riverbank Among the Trees: A Trip Through the Ljubljana of Plečnik," *Lotus International* 59 (1989): 6–13; and Krečič, *Plečnik's Ljubljana*。

38. 齐加·佐伊斯是斯洛文尼亚裔意大利商人米开朗基罗·佐伊斯的儿子，他经营铁贸易并借此成了贵族。

39. Bassett, "The Work of Plečnik in Ljubljana," 38.

40. Andrews, "Ljubljana," 40.

41. Ferlenga, "Riverbank Among the Trees," 8.

42. Krečič, *Plečnik's Ljubljana*, 52–53.

43. Andrews, "Ljubljana," 40.

44. Richard Guy Wilson, "Jože Plečnik in Ljubljana, *Progressive Architecture* 10 (1985): 96–97.

45. Gržan-Butina, "Ljubljana," 30.

46. Ibid., 29.

47. Wilson, "Jože Plečnik in Ljubljana," 97.

48. James Traub, "Street Fight," *New Yorker,* September 4, 1995, 36–40.

49. After Stanley Clavell, *Themes Out of School: Effects and Causes* (Chicago: University of Chicago Press, 1984), 184–194 and *Conditions Handsome and Unhandsome: The Constitution of Emersonian Perfectionism* (Chicago: University of Chicago Press, 1990), 64–100.

50. Laurie Olin, "Design of the Urban Landscape," *Places* 5, no. 4 (1988): 91–94.

51. See also Stanley Clavell, *In Quest of the*

Ordinary: Lines of Skepticism and Romanticism (Chicago: University of Chicago Press, 1990).

其他参考文献包括：Richard Bassett, "Plečnik in Ljubljana," *Architectural Review* 170, no. 1014 (August 1981): 107–111; François Burkhardt, Claude Eveno, and Boris Podrecca, *Jože Plečnik, Architect: 1872–1957* (Cambridge, MA: The MIT Press, 1989); Alberto Ferlenga and Sergio Polano, *Jože Plečnik: Progetti e città* (Milan: Electa, 1990); Giorgio Lombardi, "Urban Space and the Contemporary City," *Ottogono* (December 1989): 40–53; R. D. Ostović, *The Truth about Yugoslavia* (New York: Roy Publishers, 1952); and Garth M. Terry, *Yugoslav History: A Bibliographic Index of English-Language Articles* (London: Astra Press, 1985)。

Chapter 6

1. Jürgen Habermas, *The Structural Transformation of the Public Sphere: An Inquiry into the Category of Bourgeois Society* (Cambridge, MA: The MIT Press, 1991).

2. Jean L. Cohen and Andrew Arato, *Civil Society and Political Theory* (Cambridge, MA: The MIT Press, 1995), 29f.

3. Robert D. Putnam, *Bowling Alone: Democracy and the End of the Twentieth Century* (Harvard University, August 1994).

4. Cohen and Arato, *Civil Society and Political Theory,* 15f.

5. Hannah Arendt, *The Human Condition* (Chicago: University of Chicago Press, 1971).

6. Antonio Gramsci, *Selections from the Prison Notebooks* (New York: International Publishers, 1971), 210f.

7. Nelson Goodman, *Ways of World Making* (Cambridge, MA: Hackett Publishing Company, 1978); Linda Nochlin, *Realism* (London: Penguin Books, 1971); and Hilary Putnam, *The Many Faces of Realism* (La Salle, IL: Open Court, 1987).

8. Simon Pepper, "British Housing Trends, 1964–1974," *Lotus International* 10 (1974): 94–103.

9. Ziva Frieman, "Shoring up the Center," *Progressive Architecture* 4 (1993): 90.

10. Ibid.

11. Ibid., 89.

12. Yukio Futagawa, ed., "Carlo Aymonino/Aldo Rossi, Housing Quarter at the Gallar-atese Quarter," *Global Architecture* 45 (1977).

13. Bernard Félix Dubor, *Fernand Pouillon* (Milan: Electa, 1986).

14. Ricardo De Sola Ricardo, *La Urbina-cion "El Silencio"* (Caracas: Ernesto Armi-tano, 1987).

15. Gianni Vattimo, *The End of Modernity* (Baltimore: Johns Hopkins University Press, 1988).

16. 霍奇米尔科地区的生态修复是由墨西哥城在1987到1995年完成的。See Jean Sidaner, ed., *Xochimilco: Imagenas de un Rescate* (Mexico City: Portico, 1991), and Alejandro Ochoa Vega, "Parque Ecológico Xochimilco," *Entorno* 6 (1993): 5–10.

17. 墨西哥城历史中心的修复工作始于1988年，且至今尚未完成。See Monica Hallquist, ed., *Centro Historico de la Cuidad de Mexico* (Mexico City: Enlace, 1993).

18. 这种现实主义感如今仍然存在于阐释性艺术作品中，比方说克里斯·伯登于1992年发表的动态雕塑作品《另一个世界》(其妙想将埃菲尔铁塔用作垂直的电枢，并将"泰坦尼克号”的两件复制品悬挂在一端。See Peter Noever, ed., *Chris Burden: Beyond the Limits* (Vienna: MAK, Cantz Verlag, 1996), 115.

19. Charles Rearick, *Pleasures of the Belle Époque* (New Haven: Yale University Press, 1985), 119f.

20. Celeste Fremon, "Tough Love," *Utne Reader,* March-April 1996, 95.

21. Ibid., and Celeste Fremon, *Father Greg and the Homeboys* (New York: Hyperion, 1995).

索 引

(条目后的数字为原书页码,参见本书边码)

城市与生态文明丛书

1.《泥土：文明的侵蚀》，[美] 戴维·R. 蒙哥马利著，陆小璇译　58.00 元
2.《新城市前沿：士绅化与恢复失地运动者之城》，[英] 尼尔·史密斯著，李晔国译　78.00 元
3.《我们为何建造》，[英] 罗恩·穆尔著，张晓丽、郝娟娣译　65.00 元
4.《关键的规划理念：宜居性、区域性、治理与反思性实践》，[美] 比希瓦普利亚·桑亚尔、劳伦斯·J. 韦尔、克里斯蒂娜·D. 罗珊编，祝明建、彭彬彬、周静姝译　79.00 元
5.《城市生态设计：一种再生场地的设计流程》，[意] 达尼洛·帕拉佐、[美] 弗雷德里克·斯坦纳著，吴佳雨、傅徽译　68.00 元
6.《最后的景观》，[美] 威廉·H. 怀特著，王华玲、胡健译　79.00 元
7.《可持续发展的连接点》，[美] 托马斯·E. 格拉德尔、[荷] 埃斯特尔·范德富特著，田地、张积东译　128.00 元
8.《景观革新：公民实用主义与美国环境思想》，[美] 本·A. 敏特尔著，潘洋译　65.00 元
9.《一座城市，一部历史》，[韩] 李永石等著，吴荣华译　58.00 元
10.《公民现实主义》，[美] 彼得·G. 罗著，葛天任译　48.00 元
11.《城市开放空间》，[英] 海伦·伍利著，孙喆译　（即出）